NEUE KLASSIKER UND YOUNGTIMER

Der Autor ist vielen Menschen zu Dank verpflichtet, darunter Giorgio Ferrero, Valeria Manferto De Fabianis und Paola Piacco von White Star, seinen Mitarbeitern bei der Zeitschrift *AutoWeek,* bei iZoom.com und dem Journal ClassicCars.com, seinen Redakteuren bei der *New York Times,* den *Detroit News* und bei Motorbooks sowie den Führungskräften der Automobilindustrie und den Mitarbeitern im Bereich der Öffentlichkeitsarbeit, die ihr Wissen und ihre Einsichten während seiner gesamten Laufbahn als Reporter mit ihm geteilt haben.

Redaktionelle Leitung
VALERIA MANFERTO/CONSULTING D&D

Redaktion
GIORGIO FERRERO

Grafische Gestaltung
PAOLA PIACCO

WS whitestar® ist eine eingetragene Marke von White Star S.r.l.

Piazzale Luigi Cadorna, 6
20123 Mailand, Italien
www.whitestar.it

Deutsche Übersetzung: Andreas Schiffmann und Alan Tepper
Lektorat: Beate Bücheleres-Rieppel

ISBN 978-88-6312-766-9
1 2 3 4 5 6 30 29 8 27 26

Gedruckt in China

LARRY EDSALL

NEUE KLASSIKER UND YOUNGTIMER

whitestar

INHALT

80er

EINLEITUNG

Man kann es sicherlich niemandem vorwerfen, wenn er den Titel des Buches als verwirrend empfindet. Neue Klassiker? Ist das nicht ein Widerspruch in sich?

Doch, das könnte sein.

„Klassiker“ beschreibt in der immanenten Definition etwas Altes. Auch historische Bezüge wie zum alten Griechenland oder zur lateinischen Literatur können gemeint sein oder vielleicht die Musik der Ära von Mozart oder Beethoven. Das Lexikon definiert den Begriff als etwas „mit einem anhaltenden Wert“, etwas „Zeitloses“.

Dennoch akzeptieren wir „Classic Rock“ und erfreuen uns an „Filmklassikern“.

Obwohl Leonardo da Vinci den ersten mit einem Propeller angetriebenen Wagen bereits im 15. Jahrhundert entworfen hat, erschien das erste praktisch einsetzbare und als Automobil identifizierbare Vehikel erst 1885, als Carl Benz seinen Benz Patent-Motorwagen Nummer 1 zum Rollen brachte. (Tatsächlich wurde die Praktikabilität erst drei Jahre später mit einem verbesserten Modell nachgewiesen. Benz' Frau Bertha fuhr mit ihren beiden jugendlichen Söhnen etwas mehr als 100 Kilometer zum Besuch der Mutter und dann wieder zurück, was den Beweis für die Nützlichkeit erbrachte.)

Es dauerte noch einige Jahrzehnte, bis das Automobil das Pferd und die Kutsche ersetzte und auf globaler Ebene zum Fortbewegungsmittel wurde. Mittlerweile hat sich das Automobil außerdem zum Sammelobjekt entwickelt und zum Ausstellungsstück in Museen. Es sorgt bei Rallyes und bei Vintage-Autorennen für den Kick, wird bei lokalen Veranstaltungen zur Schau gestellt und kommt sogar bei internationalen Auktionen unter den Hammer. Was aber macht einen Wagen zum Klassiker? *The Classic Car Club of America* definiert einen „echten Klassiker“ als ein „ausgesprochen schönes“ und „unterscheidbares“ Automobil, das zwischen 1915 und 1948 gebaut wurde. Ein „Klassiker“ musste bei der Markteinführung hochpreisig gewesen sein, von höchster technischer Qualität und kein „Massenprodukt“.

Zu weiteren Faktoren gehören eine möglichst individuelle Karosserie und Luxus-Accessoires. Technische Entwicklungsstufen wie Bremskraftverstärker, Kraftkupplungen oder Zentralschmieranlagen helfen bei der Bestimmung, ob ein Auto ein Klassiker ist oder nicht.

Der Club listet 125 akzeptierte Modelle, die alle aus den USA oder Europa stammen.

Weniger restriktiv fallen die Regeln der *Fédération Internationale des Véhicules Anciens* aus, der globalen Organisation „zur Erhaltung historischer Vehikel und der damit verbundenen Kultur wie auch zum sicheren Umgang mit ihnen".

Auf der FIVA-Webseite steht: „Seit vielen Jahrzehnten wurde der Übergang von einem Fahrzeug zu einem ‚historischen Fahrzeug' durch das Alter determiniert. Während einige Fahrzeuge nach der Nutzungszeit verworfen werden, überleben andere, die als Teil der Geschichte an zukünftige Generationen weitergegeben werden oder als rollende Museen unterwegs sind."

Von der Nutzungszeit bis zum Status eines historischen Fahrzeugs vergeht eine lange Zeit, in der man auf Pflege und Wartung achten muss. Es ist die „Youngtimer"-Periode.

Die FIVA definiert einen Youngtimer wie folgt:

Ein mechanisch angetriebenes Straßenfahrzeug
- zwischen 20 und 29 Jahre alt
- in gutem Erhaltungszustand
- meist während der Freizeit genutzt
- für eine FIVA-Plakette vorgesehen.

Im Gegensatz zum *Classic Car Club of America* gibt es bei der FIVA keine Herkunftseinschränkung. Somit können sich auch in Asien produzierte Automobile als legitime Youngtimer qualifizieren. Die global tätige Organisation schreibt auf ihrer Webseite: „Nationale Abwrackbestimmungen zum Zweck der Einführung effizienterer Fahrzeuge mit einer geringeren Emission umweltschädlicher Substanzen können das Überleben der Youngtimer bedrohen. Die FIVA vertritt die Ansicht, dass es das alleinige Recht des Fahrzeugbesitzers ist, das Ende der Nutzungszeit jedes Fahrzeugs selbst zu bestimmen."

Unter den weltweiten Autosammlern findet sich eine wachsende Anzahl von Frauen und Männern, meist in der zweiten Hälfte des 20. Jahrhunderts geboren, die es sich leisten können, Fahrzeuge zu erwerben, die sie in der Highschool bewunderten und begehrten.

Für sie waren diese Autos so „klassisch" wie ein Pierce Arrow aus den Zwanzigern für ihre Großväter oder ein Ferrari aus den Fünfzigern für ihre Väter.

Der Begriff „Youngtimer" wurde zuerst in Deutschland genutzt, um damit neuere Modelle zu bezeichnen und sie von den „Oldtimern" zu unterscheiden.

2016 entschieden sich vier Freunde, die die Highschool in den Achtzigern besuchten, eine Autoshow der Fahrzeuge ihrer Jugend zu veranstalten. Inspiriert u. a. von einem Songtitel und dem UK-Event für ältere Fahrzeuge auf der Goodwood-Rennbahn, nannten sie die Veranstaltung „RADwood". Solche Veranstaltungen vereinen eine neue Gruppe von Automobilsammlern und -fans, die Wagen der letzten Dekaden des 20. Jahrhunderts lieben.

Vielleicht lässt sich der Begriff „klassisch" – ähnlich wie das Schöne – am besten durch das Auge des Betrachters definieren. Mit dieser Einleitung präsentieren wir Ihnen unser neues Buch, das sich auf moderne Klassiker fokussiert. Wir hoffen, dass Sie den Inhalt als eine Augenweide empfinden werden.

Der Schwerpunkt liegt auf den letzten drei Jahrzehnten des vorigen Jahrhunderts, einer Zeit, die viele als die Ära des Unbehagens in der Automobilwelt charakterisieren. Es war die Zeit nach den „Muscle Cars" aus Detroit und den europäischen Exoten wie James Bonds Aston Martin, dem Jaguar E-Type oder dem Ferrari Daytona.

Die Siebziger brachten uns zunehmende Sicherheitsvorschriften, die Ölkrise und Sorgen über die Abgas-Emissionen und deren Einfluss auf die Luftqualität.

Scheinbar waren die sorgenfreien und klassischen Tage des Autos vorbei. Aber wie Sie auf den folgenden Seiten sehen werden, haben sich Designer und Ingenieure angepasst. Und dann kamen auch noch, nicht zu vergessen, die fortschrittlichen Produktionstechniken und -technologien hinzu. Sie fanden Wege innerhalb der Restriktionen, um Autos zu kreieren, die wieder Spaß machten und gleichzeitig sicher und sauber waren.

Der Kulturhistoriker James J. Flink diskutierte in seinem Buch *The Automobile Age* die Zukunft des Autos. Er bemerkte, „dass die Renaissance in der Automobiltechnologie Autos sicherer macht, weniger abgasausscheidend und mit jedem Modelljahr effizienter. Vorhersagen hinsichtlich eines bevorstehenden Todes wurden durch einen neuen Optimismus verdrängt." Dennoch veränderten sich das Automobil und die produzierende Industrie. Der Wandel wurde „angestoßen durch Elektronik und Luftfahrttechnologie [...] den Computer, den Laserstrahl und die Telekommunikation."

All diese Elemente haben zu erheblichen Verbesserungen im Autosegment geführt. Sie haben ein Auto nicht überflüssig gemacht. Durch diese Wiedergeburt entstand sogar eine neue Flotte von Klassikern.

Das Versicherungsunternehmen Hagerty, spezialisiert auf die Bewertung und Versicherung klassischer Automobile, hat 2019 eine Reihe von Essays unter dem Titel *Never Stop Driving: A Better Life Behind the Wheel* veröffentlicht. Auf der ersten Seite des ersten Kapitels steht: „Diese Fahrzeuge sind wunderschön und einzigartig, im gleichen Maße nicht perfekt und nervig, aber ein Spiegel unserer Zeit." Möglicherweise ist das die wahre Definition von „klassischen Automobilen": etwas, das – wie Kunst, Musik und Literatur – unsere Zeit und unser Leben widerspiegelt. Sie sind ein Erbe, das uns hinterlassen wurde und das wir an die uns Nachfolgenden weitergeben werden.

Folgende Seiten ■ In den 1950er-Jahren gab Jaguar einem seiner Autos die Bezeichnung XK120, weil der Wagen es auf 120 Meilen pro Stunde (193 km/h) brachte. In den 1990er-Jahren wurde der XJ220 seiner Bezeichnung (354 km/h) fast gerecht.

70ER

Autohersteller ringen um Antworten auf gesetzliche Restriktionen, die das Fahrvergnügen bedrohen.

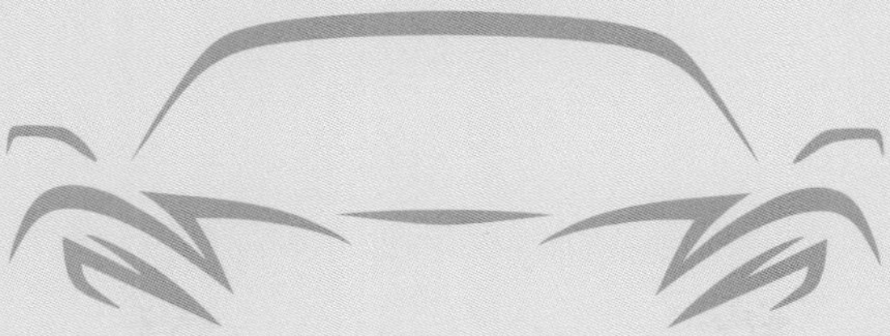

Ökonomen erklären uns, dass der wirtschaftliche Nachkriegs-Boom zu Beginn der Siebzigerjahre endete. Historiker verweisen auf eine Welt in Aufruhr: Watergate, der Jom-Kippur-Krieg, die Olympischen Spiele in München, die Ölkrise, der Genozid in Bangladesch, ein Zyklon im Osten Pakistans, der über eine halbe Million Menschenleben forderte, der Sturz des Schah im Iran, die Anfänge des Islamischen Staats, die Invasion der Sowjetunion in Afghanistan und, tja, auch der Beginn der Disco-Musik.

Man konnte es niemandem verübeln, wenn er nostalgisch auf die Sechziger zurückblickte, die Swinging Sixties mit den Beatles, dem Summer of Love, Surf-Songs, Brigitte Bardot, den kultigen Spaghetti-Western, dem Debüt von „Dr. Who", Hippies in knallbunt angemalten VWs, Muscle Cars und nicht nur dem Mann im Mond, sondern Menschen, die wirklich auf dem Mond herumspazierten.

Ende der Sechzigerjahre veröffentlichte der Verbrauchervertreter Ralph Nader sein Buch *Unsafe at Any Speed: The Designed-In Dangers of the American Automobile.* 1972 verstarben in den USA 54 589 Menschen bei Autounfällen. Auch in anderen Ländern gab es vergleichbare Statistiken. Nicht nur in den USA traten neue Sicherheitsbestimmungen in Kraft, sondern auch in den automobilproduzierenden europäischen Ländern und in Japan.

Zur Bestrafung westlicher Länder, die Israel im Jom-Kippur-Krieg unterstützten, veranlassten die arabischen erdölproduzierenden Staaten 1973 ein Embargo, das in den USA zu einer nationalen Geschwindigkeitsbeschränkung von circa 90 km/h führte. Daraufhin reduzierten amerikanische Autohersteller die Größe ihrer Wagen, um sie energieeffizienter zu machen.

Eine weitere Energiekrise entstand durch die Iranische Revolution im Jahr 1979. Ein dritter Faktor, der zum Umdenken nötigte, war die Tatsache, dass die großen Städte im Smog erstickten.

Die Design-Historikerin und Professorin Penny Sparke schrieb in ihrem Buch *A Century of Car Design*: „Was das Auto-Design betraf, waren die letzten drei Dekaden des 20. Jahrhunderts durch eine zunehmende Abhängigkeit charakterisiert [...]. Ängsten bezüglich der Sicherheit und der urbanen Umweltverschmutzung in den Sechzigern folgte die plötzliche Ölkrise der frühen Siebziger, die die Befürchtungen der Anti-Automobil-Lobby untermauerten. Das Automobil war nicht mehr länger das potente Symbol der Moderne und des Fortschritts, sondern der Feind. Man musste ihm misstrauen und ihn fürchten, nicht vergöttern."

„Diese Wendezeit war zweifellos ein Teil des größeren Verlusts der Zukunftsgläubigkeit und der gleichzeitigen Gewissenskrise, die wir bei vielen Aspekten der Gegenwartskultur spürten. Die Auswirkungen waren bei dem Design von Autos besonders intensiv."

Das Resultat war eine Fadheit, die „mit wenigen Ausnahmen ein Auto von dem anderen ununterscheidbar machte".

Auf den folgenden Seiten präsentieren wir Ihnen die auffälligsten Ausnahmen: Autos aus den Siebzigern, die sich durch die Design-Ästhetik, die technischen Innovationen, die Exzellenz und die dynamische Performance unterschieden.

MONTE-CARLO
LE CASINO
MONTE-CARLO
10
elf
ALPINE
PETER McANDREW
MICHELIN
PETER
McANDREW
1959
G. CHANCEL
F-P FORGEOUX
PNEUS CLOUTES
90
MARCHAL

1970 ➤ 1979

RENAULT ALPINE A110

Jean Rédélé baute aus Renault-Komponenten einen Champion-Rennwagen.

Jean Rédélé war ein französischer Ingenieur und Werkstattbetreiber aus Dieppe, der jüngste Renault-Händler Frankreichs und ein Rennfahrer, der unter anderem bei der Alpenrallye 1954 fuhr (er gewann sie auch), der Mille Miglia, den 24 Stunden von Le Mans und dem Sebring-Rennen in Florida.

1955 gründete er die „Société des Automobiles Alpine" und beauftragte keinen Geringeren als Giovanni Michelotti damit, eine neue Karosserie für den Renault 4CV zu entwerfen, den er in der Hoffnung auf eine Serienproduktion umbaute. Die Produktion des Alpine A-106 begann schleppend mit zwei Autos pro Woche.

1963 hatte Rédélé den A110 konstruiert, erneut auf Basis der Renault-Mechanik, aber mit einem Fünfgang-Getriebe. Michelottis schnittiges und aerodynamisches Design war durch die Aluminium-Bauteile und die Karosserie mit Glasfaser-Elementen deutlich leichter und wog nur 620 kg.

Mit dem Tuning-Spezialsten Amédée Gordini („Der Zauberer") holten sie alles aus dem Renault-Heckmotor R8 heraus, woraufhin sich der A110 bestens bei Wettkämpfen schlug.

Renault verpflichtete Alpine 1971 für sein offizielles Rennteam, und noch im selben Jahr belegten die Wagen den ersten, zweiten und vierten Platz in der Rallye Monte-Carlo. 1973 erkämpften sie sich vier der Top-5-Positionen bei der ersten Rallye-Weltmeisterschaft vor Porsche, Lancia und Ford. Dennoch wurde Alpine wie auch so viele andere kleine Autoproduzenten von der globalen Ölkrise der Siebzigerjahre schwer getroffen. Außerdem setzte Alpine immer noch auf ein älteres Design, während größere Firmen konkurrierende Fahrzeuge entwickelten wie zum Beispiel den Lancia Stratos, einen Rennwagen, der Ferrari-Motoren einsetzte. Letztendlich wurde Alpine 1974 von Renault übernommen und mit einer

■ Renault verpflichtete Alpine in den frühen Siebzigern für sein offizielles Rennteam, was mit einem ersten Platz bei der Rallye-Weltmeisterschaft belohnt wurde.

anderen Holding fusioniert, nämlich der von Renault 1968 aufgekauften Tuning-Firma von Gordini. Daraus entstand dann Renault Sport.

1978, ein Jahr vor Amédée Gordinis Tod, fuhren Didier Pironi und Jean-Pierre Jaussad einen Renault Alpine A 442B bei den 24 Stunden von Le Mans zum Sieg. Sie hatten einen Vorsprung von 76 Kilometern gegenüber dem Verfolger, einem Porsche 936.

Die Produktion des A110 endete 1977. Bereits 1971 war das neuere Modell, der A310, eingeführt worden, der bis Mitte der Achtzigerjahre gefertigt wurde. Das Werk in Dieppe produzierte den modernen Renault R5 Turbo und diente gleichzeitig als Hauptsitz für Renault Sport.

2012, Jahrzehnte später, feierte Renault den 50. Geburtstag des Alpine110: An der Formel-1-Strecke von Monte-Carlo wurde der A110-50 enthüllt. Fünf Jahre später stellte man beim Genfer Autosalon

■ Durch die Leichtbauweise und den Heckmotor von Renault glänzte der Alpine A110 bei Rennen.

Jean Rédélés Rennwagen gewann mit Renault-Motoren. Der 50. Geburtstag des Alpine wurde mit einem neuen, zeitgemäßen Modell des A110 begangen.

eine neue Version des Alpine A110 vor, der als moderner Sportwagen mit einem vierzylindrigen, mittig gelagerten 1,8-Liter-Turbo-Motor mit 251 PS in die Produktion ging. Im Frühjahr 2022 nahm die französische Gendarmerie eine Flotte von mehr als 24 speziell ausgerüsteten Alpine A110 entgegen, im Jahr darauf weitere zwölf Fahrzeuge.

Miles mille
DUNLOP

mille Miles
ALPINE MAGAZINE
GTC

CITROËN-MASERATI SM

Ein Beweis dafür, dass der Vorderradantrieb eine Top-Performance bringt

1970 ➤ 1979

André Gustave Citroën wurde in Paris als Sohn eines niederländischen Vaters und einer polnischen Mutter geboren. Seine Mutter starb kurz nach der Geburt und sein Vater beging Selbstmord, als André sechs Jahre alt war. Das Waisenkind wurde von Verwandten großgezogen. Er studierte an der französischen École Polytechnique und besuchte anschließend die Familie der Mutter in Polen. Einer seiner Onkel teilte sich mit ihm das Patent für eine Verzahnungsmaschine, die André nach der Rückkehr nach Paris produzierte.

Nach der Einberufung zum Militärdienst 1914 überzeugte er angesichts der Munitionsknappheit die Armee-Verantwortlichen, ihm den Bau einer Munitionsfabrik zu gestatten, und versprach einen Ausstoß von mindestens 20 000 Geschossen. Tatsächlich lieferte er doppelt so viele.

Noch vor Kriegsende hatte Citroëns Firma mit der Produktion von Automobilen begonnen. In den folgenden Jahren fertigte das Unternehmen einige der wichtigsten und bahnbrechendsten Autos des 20. Jahrhunderts. Darunter waren der Traction Avant (der die Praktikabilität des Vorderradantriebs demonstrierte), der 2CV (der – wie auch Henry Fords „Model T“ in den USA – jeden Bewohner Frankreichs auf die Straße brachte) und der DS (ein Auto mit der revolutionären automatischen Höhenregulierung, neuen Radialreifen, Scheibenbremsen, Knautschzo-

Der Citroën SM konnte 225 km/h erreichen und war damit das schnellste Auto mit Frontantrieb.

nen und mehr; es soll dem Präsidenten Charles de Gaulle bei einem Mordanschlag das Leben gerettet haben).

Citroën war führend in der Entwicklung und Anwendung des Vorderradantriebs, doch wurde intern über die Leistungsgrenzen eines Fahrzeugs diskutiert, das zog, statt zu drücken. Konnte ein Vorderradantrieb eine gute Performance abliefern?

Die Antwort gab der Citroën SM. Vermutlich stammte das S von Citroëns „Projekt S" und das M von Maserati, dem 1968 von Citroën aufgekauften italienischen Unternehmen. Manche halten es für wahrscheinlicher, dass es die Kurzform für „Sa Majesté" (Ihre Majestät) ist, ähnlich wie sich das „DS" von „Déesse" (Göttin) herleitet.

Auf jeden Fall war der SM ein Durchbruch, ein großartiges Automobil für ausgedehnte Touren, das sich durch Citroëns revolutionäre Aufhängung auszeichnete, eine Servolenkung und mitlenkende Scheinwerfer. Er bewies auch, dass ein Vorderradantrieb die fast 183 PS verkraftete, die bei der regulären Straßenausführung von einem italienischen Motor stammten. (Während der Entwicklungsphase des Autos hatte eine Testversion sogar die 254 PS eines Maserati V8 mühelos verkraftet.)

Vorherige und diese Seiten

■ Der Citroën SM war durch die Hydropneumatik und die mitlenkenden, exzellent ausleuchtenden Scheinwerfer eine Sensation zu seiner Zeit.

■ Der SM bot ein luxuriöses Innendesign (oben) und einen Maserati-V6-Motor (unten) zur Erhöhung des Fahrgenusses.

1972 verlieh das Magazin *Motor Trend* dem Citroën SM die Trophäe „Automobil des Jahres". Hagertys Webseite beschrieb ihn als einen „der Großen" und fügte hinzu, dass die Besitzer des Automobils es immer als das beste Fahrzeug kategorisierten, das sie jemals besaßen.

Top Gear erklärte es so: „Stellen Sie sich vor, Sie möchten ein großartiges Tourenfahrzeug besitzen, eins, das Sie von Paris nach Nizza bringt. Dafür wurde der SM entworfen. Und tatsächlich, das macht er auch. Sie spüren das bis in den letzten Winkel des Fahrverhaltens. Damals gab es nichts Vergleichbares, und das trifft auch heute noch zu. Man muss sich darüber freuen, dass der SM existierte und seine Rolle so gut spielte." Der SM wurde nur in der ersten Hälfte der Siebziger gefertigt. Danach wurde Citroën bei Renault eingegliedert, und 1975 verkaufte man Maserati an Alejandro de Tomaso.

1970 ➤ 1979

DATSUN 240Z

Japan entwickelt einen Weltklasse-Sportwagen für den Massenmarkt.

Gegründet 1914 und zwei Jahrzehnte später bei Nissan Industries eingegliedert, präsentierte sich der japanische Automobilhersteller 1958 erstmals außerhalb Japans auf der Automesse in Los Angeles. Die Nissan Motor Corporation U.S.A. – mit dem Marketing-Experten Yutaka Katayama als Präsidenten – verkaufte ab 1960 Fahrzeuge in Übersee.

Bis zu dem Zeitpunkt hatte Datsun seinen sportlichen Zweisitzer „Fairlady“ genannt, ein Tribut an das Musical *My Fair Lady*. Doch Ende der Sechziger, kurz vor Beginn der Einführung des neuen Sportcoupés, legte „Mr. K“ Widerspruch ein. Er empfand den Namen als nicht passend für einen wahren Sportflitzer, denn er musste mit dem Ford Mustang und dem Chevrolet Camaro wetteifern. Er setzte sich durch und der Datsun 240Z rollte vom Band. Katayama war ein leidenschaftlicher Reiter und wollte dieses Gefühl auf ein Automobil übertragen. Er erklärte in einem Interview: „Pferde müssen von Menschen kontrolliert werden. Der Reiter muss dem Tier das Beste entlocken und die Schwächen ausgleichen. Bei Autos verhält sich das genauso. Aus ihnen werden gute Autos, wenn der Fahrer sie gut behandelt. Demzufolge erlebt er ein Glücksgefühl, ähnlich dem, wenn aus eins und eins nicht zwei wird, sondern fünf oder sogar zehn. Diesen Spaß kann man nur bei der Verschmelzung mit dem Wagen empfinden.“

Die Käufer des Datsun 240Z mussten zwar nicht die Zügel anziehen, sondern ein Lenkrad umgreifen, aber ihnen gefielen Katayamas Worte. Der 240Z war schnittig und leicht zu steuern, wobei der Fahrer das Optimum aus den 152 PS herausholte, die der 2,4-Liter-Sechszylindermotor bringen konnte, besonders, wenn es sich um ein Viergang-Getriebe handelte.

■ Keine „Fairlady“ mehr! Der 240Z bot ein radikales Design und die dazu passende Kraft und Agilität.

DE TOMASO PANTERA

Ein exotischer italienischer Sportwagen, aber zu einem annehmbaren Preis

Alejandro de Tomasos Großvater war von Italien nach Argentinien ausgewandert. Dort wirkte Alejandros Vater in den Dreißigerjahren als Agrarminister. Mitte der Fünfziger war Alejandro selbst in einen Putschversuch gegen den Diktator Juan Perón verwickelt, woraufhin er nach Italien floh und dort seiner Leidenschaft für Autorennen nachging.

De Tomaso trat zuerst in der Formel 1 an, anfangs mit einem privaten Team und danach für das O.S.C.A. (Officine Specializzate Construzione Automobili), einem von den Maserati-Brüdern gegründeten Team.

In Italien traf und heiratete er Elizabeth „Isabelle" Haskell, selbst eine vorzügliche Rennfahrerin und die Tochter von William C. Durant, dem Gründer von General Motors.

Kurz darauf rief er die De Tomaso Automobili SpA ins Leben, baute Prototypen und Rennwagen und konzentrierte sich ab 1963 auf Sportwagen mit einer großen Performance. Darunter fanden sich u. a. der Vallelunga, der Mangusta und 1971 der Pantera.

Er produzierte auch eine limitierte Auflage des Pampero, eines Cabriolet-Sportwagens, der nach dem Wind benannt war, der über die Pampas seiner Heimat Argentinien zieht.

De Tomasos Firmenbeteiligungen vergrößerten sich und umfassten die Design- und Karosseriebaufirmen Ghia und Vignale, die Motorradhersteller

■ Der Pantera GTS war eine für Autorennen entwickelte Sonderanfertigung.

1970 ➤ 1979

Benelli und Moto Guzzi, Innocenti (das Unternehmen, das die britischen Minis in Italien fertigte) und schließlich auch Maserati.

Zum Antrieb seiner verschiedenen Sportwagen kaufte De Tomaso Motoren von Ford ein; diese Geschäftsbeziehung führte schließlich zu Fords Erwerb von Ghia. Vorausgegangen war ein fehlgeschlagener Versuch der Amerikaner, Enzo Ferraris Unternehmen zu kaufen sowie eine Beteiligung an De Tomaso zu erwerben, die beide ihren Sitz in derselben Stadt hatten.

1970 gab De Tomaso Pläne für einen neuen, exotischen Sportwagen bekannt. Er verfügte über ein schnittiges Design von Ghia und einen Ford-V8-Motor, sollte aber einer breiteren Kundschaft zugänglich gemacht werden. Der De Tomaso Pantera

■ In der Standard-Straßenausführung bot der Pantera Gepäckfächer beiderseits des Ford 5,8-Liter-V8-Motors. Auf der Rennstrecke entfielen diese natürlich.

De Tomaso war zeitweise Italiens fünftgrößer Autofabrikant und produzierte auch Motorräder.

sollte in den USA durch ausgewählte Händler verkauft und von deren Werkstätten betreut werden.

Der Pantera „Cleveland“ 5,8-Liter-V8-Heckmotor brachte den Wagen mit 355 PS in nur 5,5 Sekunden auf eine Geschwindigkeit von 100 km/h. Die Höchstgeschwindigkeit bei dieser Motorisierung lag bei ca. 280 km/h, und das alles zu einem US-Preis von 9995 Dollar, weniger als die Hälfte eines Maserati Ghibli und nur ein Drittel dessen, was man für einen Ferrari Daytona auf den Tisch legen musste. Im Lauf der Jahre entwickelte sich der Pantera weiter; es erschienen u. a. die Luxus-L-Version, die Hoch-Performance-Modelle GTS, GT5 und GT5-S und zum Ende der Produktion der Pantera 09 Si, angetrieben von Fords 5,5-Liter-V8 und zusätzlich mit einigen Detailveränderungen.

1981 testete die amerikanische Fachzeitschrift Popular Mechanics zehn „exotische“ Sportwagen. Darunter ein BMW M1, der Porsche 928, der Lamborghini Countach, drei Ferraris, ein Maserati, ein Lotus, ein Jaguar, ein Aston Martin und ein Mercedes Benz. De Tomasos Pantera GTS ging als Sieger hervor. De Tomaso erlitt 1993 einen Schlaganfall und zog sich aus seiner Firma zurück. Seine Marke wurde von einem Unternehmen mit Sitz in Hongkong gekauft, das 2019 den in limitierter Stückzahl produzierten Sportwagen De Tomaso P72 vorstellte.

BMW
2002 Tii

Endlich ein familienfreundlicher Fun-Sportwagen

1970 ➤ 1979

Begeisterte Autofahrer schulden Max Hoffman Dank und Anerkennung, denn der in Wien geborene Händler gehörte in den Fünfzigerjahren zu den Ersten, die europäische Automobile in die USA importierten. Darüber hinaus machte er Vorschläge hinsichtlich möglicher Verbesserungen und neuer Modelle mit einer modifizierten Performance.

In den ersten Nachkriegsjahren gab es Sportwagen und „andere" Wagen. Sportwagen hatte zwei Sitze, und das Fahren machte Spaß. Die anderen hatten Rückbänke und waren im besten Fall nutzerfreundlich.

Die *Auto Week* stellte fest: „Wenn Sie einen Sportwagen besitzen, haben Sie eventuell eine Gattin, doch wenn Sie eine Gattin und ein Kind haben, müssen Sie sich mit etwas Langweiligerem begnügen."

Nach dem Zweiten Weltkrieg hatte der Auto- und Motorradhersteller BMW große Probleme, besonders weil das Hauptwerk in der Sowjetzone lag. Als wäre das nicht allein schon ein schwerer Rückschlag gewesen, nahmen die Alliierten BMWs Pläne für einen neue Limousine – inklusive Doppelnierenkühlergrill – mit nach England, wo sie dann von dem britischen Hersteller Bristol gebaut wurde.

Der Absatz von BMWs Luxusmodellen verlief langsam, woraufhin das Unternehmen nur durch die Lizenz zum Bau der „Knutschkugel" Isetta überlebte. Doch BMW machte weiter, obwohl die Firma bis 1960 benötigte, um ein neues, populäres Modell vorzu-

■ Sportwagen haben traditionell nur Platz für Fahrer und einen Beifahrer, aber der BMW 2002 verfügte über eine zusätzliche Rückbank, ohne den Fahrspaß zu schmälern.

Max Hoffman, ein New Yorker Importeur, unterbreitete BMW den Vorschlag, den Motor des Luxusmodells in ein kleines Coupé einzubauen.

stellen, das wegen des 1,5-Liter-Vierzylindermotors als der „1500" eingeführt wurde. Aus diesem Auto ging der 1600 hervor, wonach Max Hoffman auf der Bildfläche erschien und erklärte, dass BMW auch mit dem Mini Cooper, dem Lotus Cortina und dem Alfa Romeo GTA konkurrieren könne, alles Autos, die den Stil einer Limousine mit einer sportlichen Performance kombinierten. Man musste nur das 2,0-Liter-Kraftwerk aus der 5er-Luxus-Serie in die kompakte Karosserie des 1600-2 einbauen. (Die 2 steht für ein zweitüriges Coupé.)

Der Produktionsleiter von BMW und der oberste Ingenieur ließen sich zur privaten Nutzung jeweils einen Prototyp anfertigen, der sie so begeisterte, dass sie den Vorstand um eine Genehmigung für die Serienproduktion baten. Und so entstand der BMW 2002, der eine Rückbank und einen Kofferraum besaß, ohne den Sportwagen-Charakter zu verlieren. Dies wurde jedem klar, als der 2002 die erste Limousine war, die die Rennstrecke des historischen Nürburgrings in unter zehn Minuten schaffte.

Das Magazin *Car and Driver* bejubelte den 2002 als „einen der besten Tricks der modernen Zivilisation, um sitzend irgendwohin zu gelangen".

Der 2002 debütierte als 1968er-Modell, aber es kam noch besser: 1971 steigerte BMW die Höchstgeschwindigkeit und das Fahrvergnügen mit dem 2002 tii (steht für „turismo internazionale" und Benzin-„injection"), und die Leistung erhöhte sich von 116 auf zunächst 120 PS (2002 ti) und dann auf 132 PS.

1974 und 1975 bot BMW den Turbo an, nun mit 172 PS, ausgestattet mit Fenderflares, Rallye-Scheinwerfern und breiteren Reifen. Nach dem Straßentest 1972 lobte *Car and Driver* den 2002 tii in den höchsten Tönen und schrieb schwärmerisch, dass man das Auto fahren könne, „als habe man diplomatische Immunität".

■ Der BMW 2002 bewies sich bei Wettbewerben und gewann die ersten 24 Stunden am Nürnburgring und die European Rallye Championship 1971.

metronomerace
GT2i
LE CASINO
MONTE-CARLO
60
MONTE-CARLO
INDY RACING
Octane
metronomerace
HuB
e-sport

PORSCHE 911 CARRERA RS 2.7

Der Entenbürzel zähmte den Porsche angeblich, machte ihn aber zu einer Ikone.

„Auf der Teststrecke lachten alle über den 911. Tilman Brodbeck erklärte in einem Interview mit dem Magazin *Octane*: „Sie spotteten, er könne mit diesem schrägen Aufsatz auf dem Heck niemals schneller werden […] Doch es lief klasse."

Denn es war dieser Porsche, der zuletzt lachte, als er den neuen „Entenbürzel"-Heckspoiler dem Rest der internationalen Rennwelt präsentierte.

In den frühen Siebzigern arbeitete Brodbeck als junger Ingenieur in einem kleinen Team mit einem niedrigen Budget und knappen Zeitvorgaben. Trotzdem brachte er den 911-Ausreißer auf die Rennstrecke. Durch technische Raffinesse und Tüftelei bauten sie den Prototyp, den *Octane* „als den kultigsten aller 911" beschrieb, den Carrera RS 2.7.

Die Arbeit begann im Mai 1972 und das Resultat wurde auf dem Pariser Autosalon im Oktober vorgeführt. Es handelte sich nicht nur um einen Rennwagen, sondern auch um ein neues Straßenmodell mit einem deutlich unterscheidbaren Heckspoiler und Verzierungen, die an das berühmte Rennen „Carrera Panamericana" in Mexiko erinnerten. Die 2.7 bezog sich auf den vergrößerten Motor des Wagens, der sowohl die Carrera- als auch die RS-Markierung hatte.

Wie sich herausstellte, verbesserte der neue große Heckspoiler nicht nur die aerodynamischen Eigenschaften bei hohen Geschwindigkeiten, sondern auch den Verlauf des Luftstroms zur Motorkühlung.

Um den Porsche bei internationalen Rennen einzusetzen, musste die Firma 500 Wagen fertigen. Um die Kundennachfrage zu bedienen, mussten daraufhin aber noch dreimal so viele gebaut werden.

Der Porsche-Ingenieur Hermann Burst erinnert sich: „Damals dachte ich, dass der Spoiler die Lösung eines technischen Problems darstellte. Ich erkannte erst nach langer Zeit, dass wir eine Ikone kreiert hatten."

Zusätzlich zum „Entenbürzel" war der Carrera 2.7 mit breiteren Hinterreifen ausgestattet (und einer zusätzlichen Kotflügelerweiterung, um diese partiell zu verdecken), einer verbesserten Aufhängung und dünnerem Glas. In der „Sport"-Version sparte man Gewicht durch die Eliminierung des Teppichs, der Rücksitze und sogar der Uhr und des Handschuhfachs.

Der standardmäßige 2,4-Liter-911-Motor wurde durch die 2,7-Liter-Version ersetzt, die 213 PS lieferte. Das Magazin *Car and Driver* nannte den Porsche „einen der schnellsten Sportwagen auf dem Planeten". Allerdings kam nur ein Porsche 911 S unter die Top 40 der 24 Stunden von Le Mans. Im folgenden Jahr schafften

Vorherige Seiten ■ Die Kotflügelbögen verdeckten die breiteren Reifen, ein deutlich erkennbares Merkmal des Porsche 911.

Unten ■ Der Heckspoiler garantierte nicht nur den regelmäßigen Lauf bei hoher Geschwindigkeit, sondern auch die Motorkühlung.

Gegenüber ■ Zur Gewichtsreduktion wurde dünneres Glas eingesetzt. Man verzichtete auf Teppiche, Rücksitze und sogar die Armaturenuhr.

Folgende Doppelseite ■ Der Porsche Carrera RS 2.7 bewies seine Fähigkeiten auch auf der Rennstrecke.

Porsche benötigte 500 Straßenwagen für die Renn-Qualifizierung, musste für die Kunden aber deutlich mehr herstellen.

es drei Carrera-Fahrer – die Wagen mit dem Heckspoiler ausgerüstet – unter die ersten zehn. Einer von ihnen wurde vor der Ziellinie noch von drei Prototypen mit den Zwölfzylinder-Motoren überholt.

Zum 50. Geburtstag des RS lud Porsche Motorsportjournalisten zu einer Spritztour mit Modellen aus dem Museum ein. *Car and Driver* stellte fest: „Alte Sportwagen wirken oft wie Museumsstücke, wenn sie durch das Prisma moderner Erfahrungen betrachtet werden – langsam, sanft und unpräzise, auch wenn wir die kulturellen Assoziationen bedenken, derentwegen wir sie lieben. […] Aber der 911 Carrera RS 2.7 ist ein Museumsstück, das eine riesige kulturelle Resonanz hat und ein überwältigendes Fahrerlebnis. Spätere Modell-Derivate besitzen nicht das Renommee dieses frühen Pioniers."

ADAC
Classic
TROPHY
18
Carrera
Olli Sommer
Toni Planken

LANCIA STRATOS

So niedrig, dass er unter der Schranke zum Werksgelände hindurchfuhr

1970 ➤ 1979

Vincenzo Lancia war das jüngste Kind einer wohlhabenden Turiner Familie, die ihren Lebensunterhalt mit Suppenproduktion bestritt. Mit 17 begann er für die Turiner Automobilhersteller Ceirano als Buchhalter zu arbeiten. Statt den Zahlen hinterherzujagen, verbrachte er die meiste Zeit dort als inoffizieller Auszubildender des Designers Aristide Faccioli.

Innerhalb eines Jahres veräußerten Giovanni Ceirano und seine Brüder das noch junge Unternehmen an Giovanni Agnelli und seine Fabbrica Italiana Automobili di Torino (FIAT), wo Lancia einen Job als Inspekteur und Testfahrer ergatterte. Vermutlich war es letztere Tätigkeit, die ihn dazu anregte, bei Autorennen zu starten. 1904 gewann er die Coppa Florio.

1906 kaufte er eine kleine Fabrik zur Autoproduktion, stellte 20 Mitarbeiter ein, entwarf einen Wagen und musste erleben, wie seine Firma durch ein Feuer zerstört wurde.

Er begann wieder von vorn und hatte bereits nach sieben Monaten ein weiteres Modell produziert, worauf zahlreiche andere folgten. 1930 unterstützte Lancia Battista Farina und seine neue Carrozzeria Pinin Farina. Vincenzo Lancia verstarb sieben Jahre später an einem Herzinfarkt; die Erben verkauften 1955 das Unternehmen, das man fünf Jahre später bei FIAT eingliederte.

Der italienische Industriegigant förderte Lancias Motorsport-Erbe, was zum neuen Stratos führte. Der Sportwagen hatte einen

■ Marcello Gandini designte den Stratos mit Teilen eines Lancia Fulvia Coupés.

Mittelmotor vor der Hinterachse und wurde auf den Rennerfolg hin getrimmt.

Marcello Gandini von Bertone zeichnete für das Design verantwortlich und arbeitete gleichzeitig am Lamborghini Countach. Er hatte bereits mit dem Lamborghini Miura das erste „Supercar" der Welt entworfen und lieh sich nun einen Lancia Fulvia Coupé von einem Freund, um das Design-Konzept des „Stratos O" festzulegen. Der Flitzer war so niedrig ausgelegt, dass er ihn eines Tages unter der Schranke hindurch auf das Lancia-Werksgelände steuerte. Die Ausstellung des Lancia Zero auf der Turiner Autoausstellung kam dann auch einer Sensation gleich.

Ein Jahr später zeigte man in Turin einen Prototyp des Rennwagens Stratos HF. Dafür testete man drei

■ Für den Motorsport designt, dominierte der Stratos Mitte der Siebziger die Rallye-Weltmeisterschaft. Bei der Straßenausführung mag der Fahrer auf gepflasterten Wegen das Gefühl gehabt haben, man habe ihm den Ferrari-Dino-Motor „auf den Rücken geschnallt".

Vincenzo Lancia begann als Buchhalter, stieg aber bei Fiat schnell zum Chefinspekteur und Testfahrer auf.

verschiedene Motoren, und Enzo Ferrari genehmigte schließlich den Dino V6 seines Unternehmens.

Der Stratos wird als erstes speziell für Rallyes entworfene Automobil kategorisiert. Der Lancia-Team-Manager Cesare Fiorio, der britische Fahrer/Ingenieur Mike Parkes, der Lancia-Ingenieur Nicole Materazzi und der Werksfahrer Sandro Munari waren die zentralen Entwickler.

Der Wagen wog weniger als 950 kg und bestimmte die Rennen, obwohl man den Motor aufgrund der Wettbewerbsregeln gegenüber der Straßenversion drosselte.

Die Rallye-Weltmeisterschaft in ihrer jetzigen Form begann 1973. Der Alpine gewann den ersten Titel und Lancia strich die nächsten drei ein, wobei Munari 1977 in der Kategorie „Fahrer" siegte. Lancia setzte sich auch bei der prestigeträchtigen Rallye Monte-Carlo durch und gewann die Rennen 1975, 1976 und 1977.

Die Erfolgsserie wurde allerdings durch die interne Rivalität mit FIAT unterbrochen. Doch Lancia kehrte mit dem Delta Integrale zurück. In einer Ausgabe von 1975 berichtete *Car and Driver* über den Stratos: „In einem Stratos zu fahren, den Ferrari-Dino-Motor praktisch wie auf den Rücken geschnallt zu empfinden, ist eine eindringliche, berauschende Erfahrung, die alle Sinnesorgane anspricht. Man sitzt praktisch im Lauf eines Revolvers. Die stark gewölbte Windschutzscheibe ermöglicht ein fantastisches Blickfeld und erinnert an das Visier eines Bell-Star-Helms. Die Nase des Wagens ist nicht mehr sichtbar; man sieht nicht mehr als die Auswölbungen der Vorderreifen in der Karosserie […]"

„Ein Tippen auf das Gaspedal und schon beginnt der Asphaltfresser seine Arbeit, und die Straße schnellt mit zunehmender Geschwindigkeit am unteren Ende der Windschutzscheibe vorbei."

LOTUS ESPRIT

Der Sportwagen, der sich in ein U-Boot verwandelte, wurde durch den James-Bond-Streifen „Der Spion, der mich liebte" berühmt.

1970 ➤ 1979

Automobilfans kennen Lotus als Hersteller von Rennwagen, die in der Formel 1 siegten und bei der Indianapolis 500. Lotus baute einige der exotischsten Wagen der Neuzeit. Vermutlich kennen aber wesentlich mehr Leute den Schlitten aus dem James-Bond-Film „Der Spion, der mich liebte".

Dem Vehikel von 007 wurde der Name „Wet Nellie" verpasst, eine Hommage an den Traghubschrauber „Little Nellie", der bei „Man lebt nur zweimal" auftauchte. „Wet" war angemessen, denn diese besondere Version konnte vom Land aus ins Wasser gesteuert werden, wo sie als U-Boot funktionierte. Natürlich verrichteten die im Wagen integrierten Waffen den Dienst auch unter Wasser.

Colin Chapman hatte bereits während seines Ingenieurstudiums Rennwagen modifiziert. 1951, ein Jahr bevor Ian Flemings Verlag der Welt James Bond vorstellte, gründete Chapman Lotus Engineering, eine Firma, die Autos für die eigenen Rennprojekte fertigte, sie aber auch anderen Rennteams verkaufte. Wie auch Ferrari produzierte sie Straßenfahrzeuge, die die Bestrebungen im Rennsport subventionierten.

Chapman ließ 1955 einen Wagen in Le Mans starten und dann wieder 1956, wo ein Lotus den Rang 7 belegte. 1957 war das Team mit zwei Rennwagen erfolgreich. Ein Flitzer gelangte in die Top 10 und der Wagen mit Chapman als Co-Pilot gewann in seiner Klasse. Dann zog sich Chapman vom aktiven Rennleben zurück und begann die Produktion des Lotus 7, designt für die Straße und die Rennstrecke. Seine Rennwagen gewannen in der Formel 1 (zwischen 1963 und 1978 sieben Hersteller-Championships) und in Indianapolis (wo der Lotus 1965 als erster Wagen mit Heckmotor beim prestigeträchtigsten Rennen der Welt siegte).

1957 eingeführt, war der Lotus Elite Chapmans erstes Automobil, das er vornehmlich für die Straße entwarf. Ihm folgten der Elan, Europa, Eclat und 1976 der Esprit.

Der Esprit hatte einen Vierzylinder-Mittelmotor und eine sehr schnittige Glasfaser-Karosserie, entworfen von Giorgetto Giugiaro und seinem Italdesign-Studio. (Giugiaro überarbeitete später den Esprit und das Chassis wurde als Basis für den aus rostfreiem Stahl gefertigten DeLorean DMC genutzt.)

Der Esprit bekam mehr Kraft, besonders durch den Turbolader und schließlich einen V8-Motor. Danach folgten drei Modifikationen mit einer glatteren Karosserie – zuerst von dem durch „McLaren F 1" bekannten Peter Stevens. Der Esprit wurde sogar noch im 21. Jahrhundert produziert. 2013 publizierte das englische Magazin *Evo* den Testfahrtbericht eines Esprits der ersten Generation und schwärmte: „Das Team Lotus hat sechs Hersteller-Siege in der Formel 1 eingefahren. Ronnie Peterson schmirgelte jedes Wochenende die Reifen eines Lotus 76 ab […] Es waren halkyonische Tage, Lotus knisterte vor Potenzial und sonnte sich im Glanz des Ruhms."

Der Wagen ist „leicht, ungemein beweglich und ausbalanciert. […] Man spürt die Millimeter über dem Boden […]"

Mit anderen Worten: wie James Bond, doch ohne die Unterwasser-Eskapade.

Vorherige Seiten ■ Giorgetto Giugiaro wurden zum Auto-Designer des Jahrhunderts gewählt. Der Lotus ist nur eins von vielen Beispielen.

Diese Seite ■ Ein Sportwagen, der sich in ein U-Boot verwandelt. Eine Traumrolle in „Der Spion, der mich liebte".

Gegenüber ■ Während der 28-jährigen Produktionszeit und einiger Revisionen behielt der Esprit seine ausfahrbaren Scheinwerfer. Nummernschilder mit BOND oder WETNLY waren bei 007-Fans äußerst populär.

esprit
BO ND 9 H

BO ND 9 H

1970 ➤ 1979

PONTIAC FIREBIRD

Wie der Aston Martin von 007 wurde der Wagen aufgrund seiner Rolle in „Ein ausgekochtes Schlitzohr“ berühmt.

In den Achtzigern lautete der Slogan der Pontiac-Abteilung von General Motors: „We Build Excitement.“ Der Werbespruch war sicherlich berechtigt, bedenkt man das Design, die Entwicklung, die Produktion und die Beliebtheit von Modellen wie dem Pontiac GTO, Firebird und Trans Am in den Sechziger- und Siebzigerjahren. Mitte 1964 hatte Ford die Autowelt mit der Enthüllung des Mustang in helle Aufregung versetzt, ein sportliches Coupé oder Cabriolet, das 1965 aufgrund der neuen Dachlinie weiter verblüffte. Das Automobil war so angesagt, dass aus ihm heraus eine neue Kategorie entstand: das Pony-Car.

Konkurrenten wie General Motors benötigten bis 1967, um gleichzuziehen und eigene Modelle in der Kategorie zu etablieren – zuerst den Chevrolet Camaro und wenige Monate später den Pontiac Firebird. Das 67er-Modell wurde zuerst als Sechszylinder-Coupé oder -Cabriolet (längs eingebaut) angeboten oder mit einem V8 mit jeweils 254, 289 oder 333 PS.

Im Modelljahr 1969 bot Pontiac eine Trans-Am-Version des Firebird an, mit einer deutlichen Qualitätsverbesserung. Das Upgrade zeichnete sich durch ein extrem belastbares Getriebe aus, eine kraftvolle Federung, glasfaserverstärkte Reifen, eine variable Servolenkung, einen Spoiler, eine bessere Motorraum-Entlüftung wie auch den 6,5-Liter-Motor mit 350 PS.

Firebird war der Begriff, den General Motors in den Fünfzigern für ein Trio futuristischer Konzeptautos verwendete, wohingegen der „Trans Am“ seinen Namen von der „Sports Car Club of America's Trans-Am“ hatte, einer Serie von Rennen in der neuen „Pony Car“-Klasse. Pontiac entrichtete an die SCCA eine Lizenzgebühr für jeden einzelnen Trans Am.

■ General Motors reagierte auf die Popularität des Ford Mustang mit dem originalen Pontiac Firebird (links) und dem Chevrolet Camaro.

Der ursprüngliche „Coke-Bottle"-Stil wurde für die Siebziger in ein „schwungvolleres" Design verwandelt, das mehr als ein Jahrzehnt überdauerte. Während dieser Ära popularisierte Hollywood das Image des Firebird für alle Zeiten.

Das Magazin *Hot Rod* beschrieb die Version der zweiten Generation als „die beliebteste [...] Die Kombination des wunderschönen Stylings, eine superbe Bedienungsfreundlichkeit und eine kraftvolle Pontiac V-8-Performance führen dazu, dass die Formulas und Trans Ams dieser Epoche bei Sammlern und Traditionalisten, die sich eine hohe Leistung wünschen, gleichermaßen begehrt sind."

1977 verpflichtete der Regisseur Hal Needham die Schauspieler Burt Reynolds, Jackie Gleason, Jerry Reed und Sally Field als Hauptdarsteller für den Film „Ein ausgekochtes Schlitzohr". Für die meisten war der bedeutendste Star jedoch der Pontiac Trans Am, den Reynolds in einem Wettlauf mit der Zeit (und der verfolgenden Polizei) durch den Süden der USA fuhr. Pontiac verdankte dem Film 1978 nachweislich 25 000 zusätzlich verkaufte Exemplare. Vermut-

lich hatten die meisten – wie auch im Film – die Motorhauben-Verzierung, die wegen ihrer grellen Optik „kreischendes Hühnchen" genannt wurde, eine opt -onale Ausstattung seit 1978. Autoversicherer und Gutachter schwärmten von dem Ornament als „das größte und am deutlichsten zu erkennende Enblem in der Automobilgeschichte. [...] Es ist knallig. Grell. Geschmacklos [...] und wir lieben es."

Der Firebird wurde ab 1982 bis zum Produktionsende 2002 mehrmals neu designt. 2010 schloss General Motors die Pontiac-Abteilung.

■ Ab den Siebzigern wurde der „Coke-Bottle"-Stil verworfen. Nun hatte der Wagen einen eher abgerundeten Kühlergrill.
Unten ■ Fans von Kiss mit einem Pontiac Firebird während eines Events in Michigan zur Promotion der neuen „Kiss Alive!".

Firebird war der Begriff, den General Motors in den Fünfzigerjahren für ein Trio futuristischer Konzeptautos verwendete.

FORD MUSTANG

Das „Pony-Car“ war so beliebt, dass es am schnellsten zum Absatz von einer Million Exemplaren galoppierte.

1970 ➤ 1979

Ford brauchte einen Sieger, und das so schnell wie möglich. Das Unternehmen hatte Zeit und Geld in die Entwicklung des Edsel gesteckt, eine luxuriöse Alternative für die, die sich ein Oldsmobile zulegten oder bei einem Buick oder Chrysler zuschlugen. Ford suchte den Wettstreit mit dem Detroiter Konkurrenten General Motors und brauchte einen mit dem Oldsmobile und dem Buick vergleichbaren fahrbaren Untersatz, nicht zu vergessen dem Chrysler DeSoto.

Fords erste Antwort war der Edsel, ein sehr teurer Wagen mit der sogenannten „Horsecollar"-Kühler-Verzierung. Mit dem Modelljahr 1958 vorgestellt, wurde er zu einem Debakel und war nach drei Jahren aus dem Verkehr gezogen. Zu der Zeit stieg der als Ingenieur ausgebildete Lee Iacocca in die Führungsebene auf, der seine Berufung im Verkauf und Marketing fand. Im Herbst 1960 beförderte man ihn zum General Manager der Ford-Abteilung. Nun brauchte er dringend einen Marketing-Erfolg. Iacocca erkannte, dass dazu Automobile nötig waren, die sich an jüngere (oder jung gebliebene) Kunden richteten. Darüber hinaus führte er Ford wieder zum Rennsport. Während

dieser Zeit führte Chevrolet den Corvair ein, einen Kompaktwagen mit einem luftgekühlten Motor. Das Magazin *Time* präsentierte den Corvair auf seinem Cover und *Motor Trend* ernannte ihn zum „Wagen des Jahres". Doch es gab Probleme hinsichtlich der dynamischen Fähigkeiten, wie der Kritiker Ralph Nader in seinem Buch *Unsafe at Any Speed* bemerkte.

Ford nutzte einen konventionelleren Ansatz und kreierte eine neue Marktnische. Der Falcon wurde als Basis herangezogen. Iacoccas Team designte einen neuen, tief liegenden Sportwagen mit einer langen Motorhaube und einem kurzen Heck. Dazwischen befanden sich zwei Sitzreihen. Der Mustang war als Coupé und in weiteren Modellvarianten erhältlich und schnell auch als schlanke Ausführung mit dem sogenannten „Fastback Roof". Er wurde bei der New Yorker Weltausstellung eingeführt, flankiert von Direktübertragungen aller großen TV-Sender und Titelstorys in allen wöchentlich erscheinenden Magazinen. Wenige Wochen danach trat er beim Indianapolis 500 an und tauchte schnell in Filmen wie „Ein Mann und eine Frau", „Bullitt" und „Nur noch 60 Sekunden" auf.

Und wenn man nicht ins Kino ging, dann hörte man eben „Mustang Sally" im Radio.

Vorherige und diese Seiten ■ Bei den Versionen von 1969 und 1970 bot Ford das Modell Boss 429 an. Der Wagen hatte einen 7-Liter-V8-Motor, ursprünglich für den Rennsport gedacht. Das Modell war zweimal so teuer wie der Basis-Mustang.

Einige sahen den Mustang als „Sekretärinnen-Kutsche", doch Ford nahm mit dem Rennfahrer Carroll Shelby Kontakt auf, der ihn auf der Strecke zum Konkurrenten von Chevrolets Corvette aufbaute. Das „Pony-Car" siegte nicht nur, sondern stand auch für den Beginn eines neuen Automobilsegments, zu dem auch der Chevrolet Camaro, Pontiac Firebird, Plymouth Barracuda, Dodge Challenger, American Motors Javelin und weitere Modelle zählten.

Der Mustang erreichte zudem als schnellster Wagen die Marke von einer Million abgesetzter Fahrzeuge, und zwar in nur zweieinhalb Jahren. In den Jahren 1974 bis 1979 war der Schlitten als Mustang II in abgespeckterer Version erhältlich, wonach man ihn wieder auf der größeren Fox-Basis fertigte. Diese Autos sind besonders bei Youngtimer-Autosammlern gesucht.

LAMBORGHINI COUNTACH

Ein Auto, so wunderschön, dass es die „Drei Engel für Charlie"-Poster von den Wänden der Teenager-Buden fegte

1970 ➤ 1979

In den Vierzigern und Fünfzigern waren Pin-up-Girls beliebt, Bilder von attraktiven Frauen in Badeanzügen (oder weniger), die man auf die Seiten von Militärflugzeugen malte oder deren Poster in Werkstätten hingen. Teenager auf der ganzen Welt verzierten ihre Jugendzimmer mit Bildern von Film- und Fernsehstars.

Das änderte sich allerdings mit Ankunft dieses sexy italienischen Sportwagens, der das beliebte Poster des „Drei Engel für Charlie"-Stars Farrah Fawcett wegfegte.

Während der Entwicklungsphase kannte man ihn nur unter dem Codenamen Projekt 112. Eines Tages warf ein Mitarbeiter von Lamborghini seinen ersten Blick auf den Prototyp. Er konnte nur noch verblüfft „Countach" hauchen, ein Ausdruck aus dem piemontesischen Dialekt, was so viel wie „spitze" bedeutet. Allgemein wurde das Wort überwiegend von Männern genutzt, die beim Betreten eines Raums hochattraktive Frauen sahen.

Ferruccio Lamborghini wuchs auf einem Bauernhof im Norden Italiens auf, doch er interessierte sich mehr für die Maschinen. 1948 gründete er ein Unternehmen zum Bau von Traktoren und Landwirtschaftstechnik.

Er versuchte sich auch bei Automobilen und modifizierte einen Wagen, um 1948 an der Mille Migila durch Italien teilzunehmen. 1958 legte er sich einen Ferrari zu, doch er störte sich an den ständigen Reparaturen. Angeblich beschwerte sich Lamborghini bei Enzo Ferrari, der ihm empfahl, es doch besser zu machen, wenn er es könne.

1963 gründete er Automobili Lamborghini und stellte führende Ingenieure und Designer ein. Sie produzierten einige schlanke Tourenwagen.

1966 kam das welterste „Super Car" auf den Markt. Es hatte einen Mittelmotor und brachte es auf eine Geschwindigkeit von 282 km/h. Die von Marcello Gandini entworfene Rakete namens Miura war das erste Automobil von Lamborghini, das man nach spanischen Kampfstieren benannte. (Der Countach stellte eine Ausnahme dar.) Anfang der Siebziger designte Gandini das exotische, keilförmige Modell, erneut mit einem Mittelmotor hinter den Sitzen. Der Countach wurde 1971 beim Genfer Autosalon als Prototyp enthüllt und ging erst zwei Jahre später in Produktion. Er verfügte über Türen, die sich nach oben öffneten, und eine ausgeklügelte Motorkühlung.

Jonny Lieberman von *Motor Trend* erinnert sich an seine erste Begegnung mit dem Wagen: „Als kleiner Junge sah ich einen orangenen Countach, der auf einem grauen Kopfsteinpflaster in Old Montreal parkte. Mein Vater war so lieb und ließ mich dort stehen. Mein Kinnlade hing bis zum Pflaster runter, und ich war so von den Socken, wie es ein Neunjähriger überhaupt nur sein konnte."

„Wie konnte so eine Form, so ein Wagen überhaupt existieren? Und wie konnte ich bloß danebenstehen? Besonders wichtig – wie würde ich hinter das Lenkrad kommen? Plötzlich, an diesem Ort und an dieser Stelle, wusste ich, was ich mit meinem Leben anfangen würde."

Es war der Lamborghini V12 mit Mittelmotor, der längs hinter den Sitzen lag. Zuerst wurde der Wagen für die Straße entworfen und konnte eine Geschwindigkeit von 290 km/h erreichen.

Der LP400 war die Originalversion, gefolgt von der verbesserten S-Version und dann dem LP500 mit noch mehr Kraft und später dem LP500 QV mit vier Ventilen, der eine noch bessere Performance bot.

Der Countach blieb noch bis nach Lamborghinis 25. Geburtstag in Produktion. Gefolgt wurde er vom Diablo, den Horacio Pagani für das Unternehmen entwarf, ein Mann, dem wir noch später im Buch begegnen werden.

Viele Lamborghinis waren nach Kampfstieren benannt; dieser erhielt den Namen wegen seiner Schönheit.

Vorherige, diese und folgende Seiten ■ Marcello Gandini entwarf den Lamborghini Countach, der über einen gut belüfteten V12-Mittelmotor verfügte und den Wagen bis auf 290 km/h brachte.

25

lamborghini

FERRARI
308

Autos waren in den Siebzigern Kinostars, was besonders auf Magnums Ferrari zutrifft.

1970 ➤ 1979

Es scheint überflüssig zu sein, vom „berühmten“ Ferrari zu reden, denn scheinbar jeder Wagen, der aus Enzo Ferraris Fabrik in Modena herausfuhr, wurde populär und ist bei Sammlern heiß begehrt. Man muss nur einige Beispiele aufführen: Rennwagen, die in der Formel 1 und Le Mans gewannen, Straßenwagen vom 125 S über den 166 MM bis zum 500 TR, den California, den Dino, den 365 „Daytona“, den 512 BB, den GTO, den Testarossa, F 40, F 50, den Enzo, FXX, La Ferrari und viele mehr – jeder von den heißblütigen Fans geliebt.

Doch es gab einen bestimmten Ferrari, der ein großes Publikum begeisterte, von Fernsehzuschauern, die vielleicht einen Ferrari nicht von einem Ford unterscheiden konnten. Es war der 308, von Tom Selleck in seiner Rolle als Privatdetektiv über den Bildschirm kutschiert. (Gemeint ist die Originalserie, die von 1980 bis 1988 lief und immer noch ausgestrahlt wird, obwohl es seit 2018 einen neuen Magnum mit einer aktuellen Besetzung gibt, der einen Ferrari 488 Spider fährt.) Der 308 ist als der Magnum-Ferrari bekannt, gehört aber laut Drehbuch Robin Masters, einem reichen und extrem zurück-

gezogenen Schriftsteller, der von Magnums Arbeitgeber Higgins betreut wird, der „Robins Nest" auf Hawaii verwaltet, wo er mit Magnum lebt.

2024 veröffentlichte die Webseite des britischen Magazins *Car* einen „Liebesbrief" des Autors Mark Walton an Magnums Schlitten. Er wies darauf hin, dass der Ferrari in der ersten Staffel als 308 GT startete, in der zweiten durch einen GTSi mit Einspritzung ersetzt wurde, und für die letzen zwei Produktionsjahre von einem QV mit Vierventiltechnik.

„Magnum kam 1981 ins britische Fernsehen, wodurch ich mich alt fühle, nostalgisch und innerlich ein wenig komisch. Die Serie übte einen tiefgreifenden Einfluss auf mich aus, einen Jungen, der sich gerade entschlossen hatte, Autos interessanter zu finden als Dinosaurier. Ich mochte den Stil, wie der Ferrari 308 GTS ‚normalisiert' wurde – dass Magnum nicht der Eigentümer war, sondern ihn sich auslieh. Er benutzte ihn als tägliches Fortbewegungsmittel, was den Ferrari realer erscheinen ließ."

Nach Jahren des Träumens eröffnete sich Walton die Gelegenheit, einen Vintage 308 GTS zu fahren: „Sie wissen nicht, wie erleichtert ich war! Ich wollte nicht meine Erinnerungen ruinieren [...]und glücklicherweise enttäuschte [er] mich nicht. [...] Es ist immer noch ein erstaunlich packender Wagen, so emotional, verglichen mit den heutigen fetten, aber sterilen Supercars."

Wie üblich beauftragte Ferrari das Design-Studio Pininfarina, und Leonardo Fioravanti entwarf den 308, der den Dino 246 in der Produktpalette ersetzte. Das GTS-Sportmodell hatte ein abnehmbares Dach im Targa-Stil (notwendig für einen so großen Darsteller wie Selleck, der wahrscheinlich nicht in eine GTB [Berlinetta] gepasst hätte). Ferraris 2,9-Liter V8 lieferte die notwendige Energie mit 253 PS, die je nach Bestimmungsland modifiziert wurde. Magnums Ferrari wurde bis 1985 produziert, als das Unternehmen den 328 einführte.

Vorherige und gegenüberliegende Seite ■ Leonardo Fioravanti war für das Design des Ferrari 308 verantwortlich, der durch den Einsatz bei der Serie „Magnum“ (m t Tom Selleck in der Titelrolle) zum Superstar aufstieg.
Diese Seite ■ Aufgrund seiner Rolle in der amerikanischen TV-Serie ist der 308 vermutlich der bekannteste Ferrari.

BMW
M1

Ein wahres Kunstwerk, gebaut, um die Heimatstadt als Austragungsort der Olympischen Spiele zu feiern

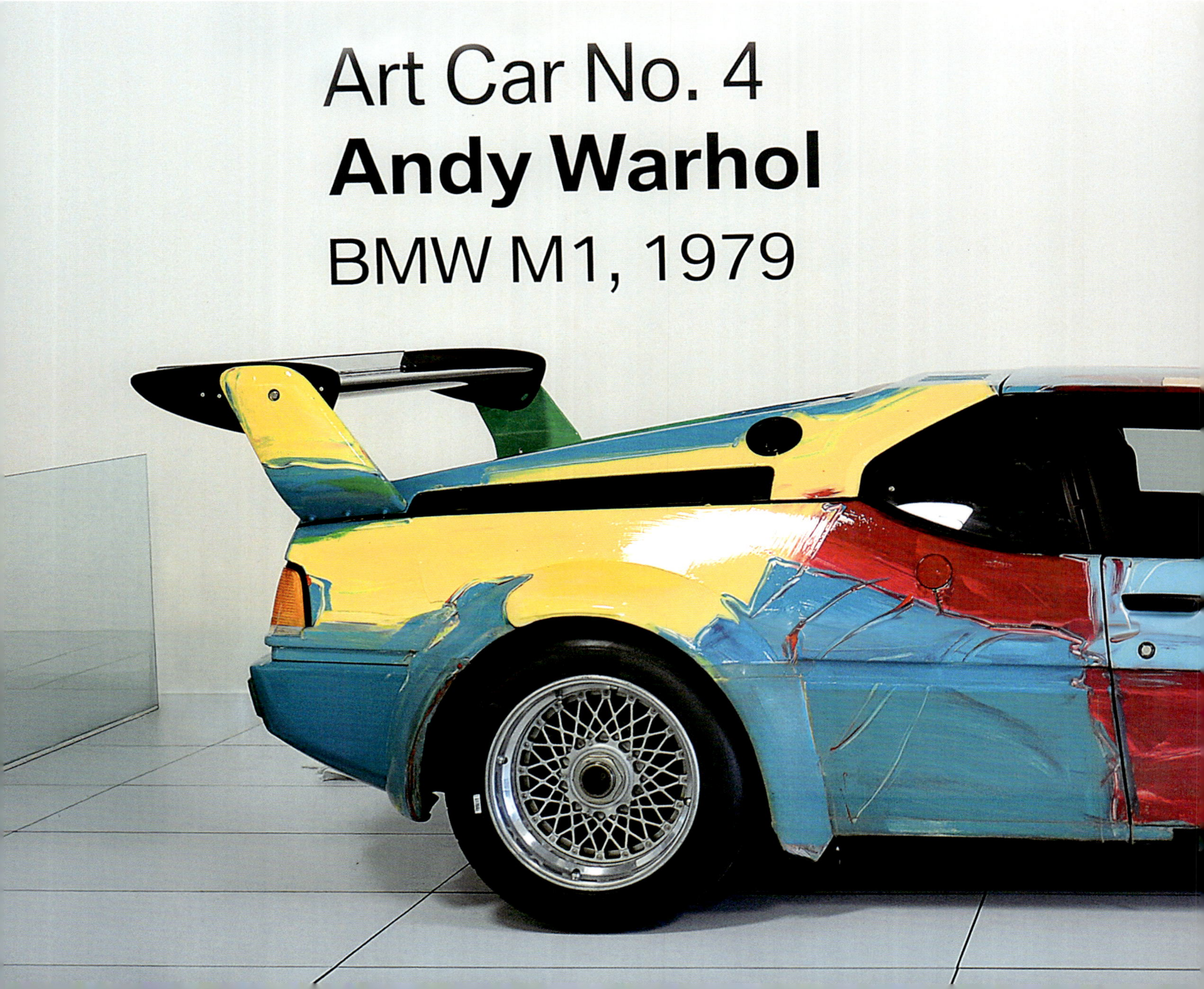

1970 ➤ 1979

Rennen in von Pferden gezogenen Wagen waren eine Disziplin der alten Olympischen Spiele im Griechenland 200 v. Chr. Rennwagen sind von den Spielen ausgeschlossen, aber der BMW M1 hat eine direkte Beziehung zu ihnen.

Als die Olympiade 1972 in München, dem Hauptsitz von BMW, ausgetragen wurde, gaben die Autobauer zur Feier des Ereignisses ein spezielles Konzeptautomobil in Auftrag. Entworfen vom Design-Leiter Paul Bracq wurde der BMW Turbo als experimentelles Sicherheitsfahrzeug vorgestellt. Dennoch hatte der tief gelegte Wagen eine schlanke Keilform und sah wie ein exotisches Superauto aus.

Zu den wichtigsten Kennzeichen gehörte der für BMW erstmalige Einsatz eines Vierzylinder-Mittelmotors mit Turbo, der schon bald im 2002 Sport-Coupé seriell produziert wurde.

Einige Jahre später musste BMW verschiedene Veränderungen vornehmen, um die neuen Regeln für die Hersteller-Weltmeisterschaft zu erfüllen. 1975 war Bracq wieder nach Frankreich zurückgekehrt und arbeitete für Peugeot, woraufhin sich BMW an den italienischen Design-Star Giorgetto Guigiaro wandte, um eine fahrbereite Rennversion für Bracqs Olympia-Wagen zu kreieren.

BMW beauftragte zudem Lamborghini, ein röhrenförmiges Chassis zu entwerfen, um den BMW für den Rennsport zu qualifizieren. Durch finanzielle Probleme bei Lamborghini musste BMW Guigiaro und Italdesign und weitere Firmen zur Produktion u. a. der Glasfaser-Karosserie ins Boot holen. Letztendlich wurde die Endfertigung von der Firma Baur übernommen.

Der Turbo-4 des „Olympia-Autos" reichte für den Einsatz im 2002-Sport-Coupé aus, doch für den internationalen Motorsport musste es mehr sein. Die BMW Motorsport GmbH entwarf einen Reihenmotor mit sechs Zylindern (vier Ventile pro Zylinder), der es auf der Strecke auf fast 500 PS brachte. Die 400 produzierten Straßenversionen – von BMW „M1" genannt – leisteten 274 PS.

Der Wagen wurde auf dem Pariser Autosalon 1978 enthüllt, doch das Debüt auf der Piste verzögerte sich durch einen langsamen Absatz. Mit einem Preis von 100 000 DM war das Automobil so teuer, wie es

Vorherige Seiten ■ Der französische Rennfahrer und Auktionator Hervé Poulain kam auf die Idee eines „Kunst-Automobils". Das erste war ein BMW 3.0, verziert von Alexander Calder. In der Flotte fand sich auch ein BMW M1 mit einem Andy-Warhol-Muster. ■ Der Design-Leiter Paul Bracq entwarf den M1, den BMW anlässlich der Olympischen Spiele herausbrachte.

Obwohl er wie ein futuristischer Sportwagen aussah, stand der M1 für das Konzept einer verbesserten Fahrsicherheit.

exotisch war. BMW musste bis 1980 warten, denn erst dann hatten sich genügend Exemplare verkauft, um eine Renngenehmigung zu erhalten. 1981 gewannen die Fahrer Hans-Joachim Stuck und Nelson Piquet die angesehenen 1000 Kilometer am berühmten Nürburgring. Zu dem Zeitpunkt war der Rennwagen aufgrund eines neuen Reglements bereits wieder alt.

Daraus resultierte eine Zusammenarbeit von BMW mit dem Formel-1-Verband, um das „Procar Championship" ins Leben zu rufen, bei dem sich 1979 und 1980 die weltweit besten Rennfahrer in BMW-M1-Wagen setzten und zusätzliche Rennen während der Formel-1-Wochenenden fuhren. (In Zusammenhang mit dem Großen Preis von Deutschland 2008 fanden noch zwei Neuauflagen statt.) Letztendlich fand der M1 den größten Erfolg auf den öffentlichen Straßen, wo der Mittelmotor-BMW ein schnelles und spritziges Fahrerlebnis brachte – und eine seltene Augenweide darstellte.

MAZDA
RX-7

Der Sportwagen bewies die Realisierbarkeit des (revolutionären) Wankelmotors.

1970 ➤ 1979

In den frühen Jahren des Automobils standen verschiedene Antriebstechniken zur Verfügung. Zu Beginn des 20. Jahrhunderts konkurrierten Dampfmotoren und Elektroantriebe mit den petroleumbetriebenen Verbrennungsmotoren um die Vorherrschaft. Obwohl der Verbrennungsmotor (Internal Combustion Engine) gewann – zumindest bis zur Einführung von E-Antrieben –, gab es Alternativen zum allgemein bekannten Hubkolbenmotor, bei dem durch die Zylinderbewegung Energie auf die Kurbelwelle übertragen wurde, die dann weiter zu den Rädern führte. In den Zwanzigern baute der deutsche Ingenieur Felix Wankel einen Rotationskolbenmotor. Dieser hatte eine runde Form. Innerhalb des Motors befindet sich ein Drehkolben in einer leicht rundlichen Dreiecksform, der auf einer Welle befestigt ist. Dadurch entstehen drei Zonen – zum Verdichten, Zünden und zum Ausstoßen.

Der Motor war leichter, aber kräftiger als der typische Hubkolbenmotor, obwohl er überarbeitet werden musste, besonders in den Bereichen Abfetten, Dichtheit und Treibstoffeffizienz. Erst Mitte der Fünfzigerjahre kam der Wankelmotor in der Automobilproduktion zum Einsatz. Verschiedene Unternehmen experimentierten mit der Rotationstechnik, doch niemand so intensiv wie Mazda, der 1967 bei der „Tokio Motor Show“ zwei Prototypen vorstellte. Im selben

Jahr enthüllte Mazda seinen Cosmo 110S, einen mit einem Rotationsmotor angetriebenen Wagen mit einem exotischen Design.

Weitere Veränderungen folgten, doch erst der Mazda RX-7 zog zum Start 1978 das Interesse auf sich. Der RX-7 war ein waschechter Sportwagen, mit einem Design und einer Performance, die an den Datsun 280Z oder den Porsche 924 heranreichte. Durch das leichte Gewicht und den 2-Rotoren-Wankelmotor lieferte er mehr als 101 PS. Mit einem Turbo spuckte er mehr als 251 PS aus und brachte eine Höchstgeschwindigkeit von 242 km/h.

Der RX-7 wurde bei Sportwagenfans und Amateur-Rennfahrern höchst beliebt. Von ihm wurden ca. 500 000 Stück verkauft, bevor die Karosserie für die zweite Generation 1985 neu konzipiert wurde. Mit seinen 2+2 Sitzen und einem nach hinten abklappbarem Dach war dies eher ein Tourenwagen. Trotzdem konnte er sich auf der Rennstrecke durchsetzen und gewann die International Motor Sports Association GTU acht Jahre in Folge.

Vorherige und diese Seiten ■ Der Mazda RX-7 sah wie ein typischer Sportwagen der Siebziger aus, doch das bezog sich nur auf die Karosserie und den Innenraum. Unter seiner Haube befand sich ein Motor, der statt des traditionellen Hubkolbenmotors einen fast dreieckigen Drehkolben hatte, der für Verdichtung, Zündung und Ausstoß sorgte.

Der RX-7 mit Wankelmotor war ein Vorläufer des Mazda 787B, der 1991 die 24 Stunden von Le Mans gewann.

Obwohl Mazda den Wankelmotor beim RX-7 bevorzugte, blieb es bei den Mainstream-Modellen beim konventionellen Antrieb. 1991 gewann der japanische Hersteller mit seinem Mazda 787B – mit den knallig orangenen und grünen Farben des Rennteams – die 24 Stunden von Le Mans, obwohl Mercedes-Benz und Jaguar als klare Favoriten galten. Der Rennwagen wurde von dem japanischen Konzern Renown gesponsert. Von 1991 bis 2002 kam eine Straßenausführung mit neuer Karosserie auf den Markt, die dann vom Modell RX-8 abgelöst wurde, ein Automobil, das besonders wegen der ungewöhnlichen Anordnung von drei Türen auffiel.

PORSCHE 928

Ein Frontmotor (sogar ein V8) und eine Anhängerkupplung

1970 ➤ 1979

Mit Ausnahme der ersten Porsche-Automobile zu Beginn des 20. Jahrhunderts (mit Elektromotoren) und den Porsche-Traktoren mit vorn eingebauten, konventionellen Motoren fand sich der Motor immer hinter dem Fahrzeuginnenraum. Tja, bis der 928 auf den Markt kam.

Es gab mindestens drei Besonderheiten bei dem tief liegenden Wagen: Er hatte einen Frontmotor. Dieser war nicht luftgekühlt, hatte keinen Vier- oder Sechszylinder wie der 356 oder der 911 und keinen flüssigkeitsgekühlten Inline-4 wie der 924, sondern einen 4,5-Liter V8 mit über 200 PS, sogar ohne einen Turbo. Das Modell konnte wie der steinalte Traktor mit einer Anhängerkupplung ausgerüstet werden, um einen Pferdeanhänger oder ein Boot zu ziehen. Diese Spezialität wurde von dem deutschen Sportwagenhersteller erst Jahrzehnte später wiederholt, als Porsche mit dem Cayenne seine Existenz durch den Einstieg in den Sport-Nutzfahrzeugemarkt sicherte.

Mitte der Siebziger alterte der Kult-Porsche 911. Er war aus dem 356 hervorgegangen, der wiederum vom traditionellen Volkswagen „Käfer“ inspiriert worden war. Die Architektur des Heckmotors und die Luftkühlung schienen an ihre Grenzen zu stoßen. Auch wünschten sich die Kunden mehr Luxus im Innenraum und nicht zuletzt eine bessere Treibstoff-Wirtschaftlichkeit, was den Nachwirkungen der weltweiten Ölkrise geschuldet war.

■ Der 928 wirkte so, als habe man den 911 auf eine Streckbank gelegt.

Porsches Lösung war der 928 als adäquater Ersatz für den 911. Dieser neue Porsche sollte luxuriöser sein, ein großartiger Tourenwagen im Stil eines Sportwagens und zudem Platz für Kinder bieten, die mit ihren Eltern reisten. Außerdem erwartete man die Performance eines V8.

Der 928 wurde beim Genfer Autosalon 1977 vorgestellt und war der erste (und bis heute einzige „Sportwagen"), den man mit dem Preis „European Car of the Year" ehrte. Jahrzehnte später beschrieb *Motor Trend* den 928 als den am häufigsten unterschätzten Porsche und fügte hinzu, dass er zu seiner Zeit ein „scheinbar unvorstellbar schneller und mühelos kompetenter Wagen war, ein Kontinent-Fresser, der es auf 266 km/h brachte und der beinahe jeden großartigen Tourenwagen auf dem Planeten fisselig und fragil" aussehen ließ.

Der Artikel führte an, dass der 928 durch den flüssigkeitsgekühlten V8-Motor „eine ketzerische Inkarnation für alle Porsche-Puristen" darstellte. Außerdem kostete er rund ein Drittel mehr als der 911. Dennoch vertrat *Motor Trend* die Ansicht, dass

Gegenüber ■ Der Innenraum des Porsche 928 war luxuriöser als der des 911.
Diese Seite ■ Ferdinand „Ferry" Porsche auf dem Fahrersitz eines 928. Sein Enkel Daniel sitzt auf der Rückbank.

schon bald alle Porsche-Motoren wassergekühlt sein und dass mit „V8-Frontmotoren ausgestattete Fahrzeuge als Porsches Retter anerkannt" werden würden.

Der 928 wurde beinahe zwei Jahrzehnte lang weiterentwickelt. Dazu gehörten kräftigere V8-Motoren und die stärkeren Modelle S, S4 und GTS. Schon bald gesellte sich der wassergekühlte Vierzylinder-Frontmotor 944 zum Porsche-Stall. Was ironisch anmuten mag: Der 928 – der eine kurzfristige Wiederbelebung unter einem neuen Management erfuhr – war nicht das Fahrzeug, das Porsche rettete. Es war der Nachfolger des V8, ein SUV, der auch einen Wohnwagen ziehen konnte. Und dann wurde der 928 erneut populär, besonders unter Sammlern.

■ Ausfahrbare Scheinwerfer erleuchteten den Weg durch die Dunkelheit und verliehen dem Wagen am Tag ein schnittigeres Profil.

■ Der 928 war der erste flüssigkeitsgekühlte Porsche mit einem achtzylindrigen Frontmotor.

Mit seinem V8-Frontmotor konnte der 928 einen Pferde- oder Bootsanhänger ziehen und sogar einen Wohnwagen.

1970 ➤ 1979

VOLKSWAGEN GOLF GTI

„Der Inbegriff des Schrägheckmodells“ begeistert auf der Straße und der Rennbahn.

Mitte der Siebzigerjahre war der „Wagen des kleinen Mannes“ der 1938 gestartete Volkswagen Typ 1, nicht nur der größte Beststeller auf der ganzen Welt, sondern auch der Liebling der Autofahrer, die ihn „Käfer“ nannten. Allerdings wirkte er sehr altmodisch. Die geringe Größe und der luftgekühlte Heckmotor ergaben keinen Sinn mehr in einer Welt, in der Autos sicherer und sauberer sein mussten.

Bereits in den Fünfzigern hatte sich Volkswagen Gedanken über einen Ersatz für den Käfer gemacht. Das neue Modell benötigte einen wassergekühlten Motor, der vor dem Führerraum eingebaut werden sollte. Man diskutierte eine Reihe von Vorschlägen. Nach dem Turiner Autosalon engagierte Volkswagen Giorgetto Giugiaro und Italdesign für den Entwurf eines möglichen Käfer-Nachfolgers.

Der Käfer hatte ein rundliches Design und Giugiaro präsentierte ein Styling, das umgangsprachlich „Schwalbenschwanz“ hieß.

Der Entwurf mit Schrägheck wurde genehmigt. Nun fehlte nur noch ein Name. „Caribe“ und „Blizzard“ waren im Gespräch, aber letztlich setzte sich „Golf“ durch. Der Name einnerte an (hier darf sich der Leser seine eigene Version auswählen):

* den Golfstrom,

* den Namen des Pferdes des Einkaufsleiters, das an einem Wochenende von einem Vorstandsvorsitzenden geritten wurde, oder

* den Sport Golf, denn angeblich hatte ein führender Mitarbeiter während der Entwicklung einen Golfball auf dem Schalthebel befestigt.

Der Käfer wurde allerdings noch mindestens zwei Jahrzehnte irgendwo auf der Welt produziert, nachdem der erste Golf vom VW-Fließband gefahren war.

■ Der Käfer erinnerte an Kreise und der Golf an „gefaltetes Papier“.

Als Ersatz für den Käfer entworfen, bot der Golf GTI ein neues Level der Fahrdynamik.

■ Volkswagen transformierte den Golf mit einem Einspritzmotor von Audi und unterstützte das „Kraftwerk“ mit breiteren Reifen, Scheibenbremsen, einer tieferen Aufhängung und einer Vier- und dann einer Fünfgang-Schaltung.

■ Der Volkswagen GTI bot einen preiswerten Einstieg in den Motorsport, egal ob auf der regulären Strecke oder im Gelände.

Bevor die ersten Modelle die Händler erreichten, arbeiteten die VW-Angestellten im Geheimen an Modifizierungen mit einer höheren Leistung. Fast zwei Jahre später stellten sie dem Management ihre Arbeit vor.

Das Projekt EA195 wurde im Herbst 1975 auf der Frankfurter Automesse als der Volkswagen GTI Golf ausgestellt und ungefähr ein Jahr später regulär verkauft. Auf der Plakette stand „Gran Turismo Iniezione", was auf eine Direkteinspritzung hinwies.

Der Wagen zeichnete sich durch geschmackvoll lackierte Radkästen aus, einen Frontspoiler, matt-schwarze oder matt-rote Farbstreifen, griffigere Reifen, gekühlte Scheibenbremsen, eine gehärtete und niedrige Aufhängung sowie einen 1,6-Liter Vierzylindermotor mit Direkteinspritzung. Dieser brachte 111 PS, durch ein Vierganggetriebe auf die Vorderräder übertragen. (Im Sommer 1979 wurde es durch eine Schaltung mit fünf Gängen ersetzt.)

Car and Driver beschrieb den Golf GTI als „den Inbegriff des Schrägheckmodells".

„Der Start des Golf GTI 1976 stellte eine Disruption dar: VW hatte den 111 PS starken 1,6-Liter- und längs eingebauten Motor in den superleichten und kompakten Golf ‚gepackt'. [...] Damit kam der Wagen auf eine Höchstgeschwindigkeit von mehr als 177 km/h." Hagarty, Gutachter und Versicherer von *Classic Cars,* wies darauf hin, dass das Auto einen Trend auslöste. Der GTI wurde zur beliebten Wahl für den niedrigpreisigen Motorsport, sowohl auf der regulären Strecke als auch auf Geländewegen. Seit damals blieb der Golf im Angebot. Mittlerweile läuft der GTI in der achten Generation, nun angetrieben von einem 244 PS starken, 2,0-Liter-Vierzylinder-Turbomotor.

LANCIA DELTA INTEGRALE

Ein kompaktes Familien-Schrägheckmodell schleudert in den Geschwindigkeitsrausch der Rennstrecke.

1970 ➤ 1979

Lancia dominierte Mitte der Siebziger die Rallye-Weltmeisterschaft. Der extra dafür gebaute Stratos holte sich in den Jahren 1974, 1975 und 1976 den Titel und beförderte Sandro Munari auf Platz 1 des ersten Fahrer-Wettstreits 1977. Der Hersteller-Titel ging an Lancias Muttergesellschaft und gleichzeitigen Rivalen Fiat. Lancia wurde mit dem Rally 037-Modell 1983 erneut mit dem Herstellertitel ausgezeichnet. Zu dieser Zeit waren jedoch der Audi quattro und der Peugeot 205 T16 die Modelle der ersten Wahl.

Lancia stellte den kompakten Familienwagen auf der Frankfurter Automesse vor. Das frontangetriebene Heckklappenmodell wurde Delta getauft und war von Giorgetto Giugiaro und Italdesign entworfen worden.

Der Wagen nutzte einen Vierzylindermotor von Fiat, aber mit leistungsverstärkenden Verfeinerungen der Lancia-Ingenieure. Innerhalb kürzester Zeit wählte ihn ein Gremium von Automobiljournalisten aus 16 Ländern zum „europäischen Wagen des Jahres". Die Heckklappenmodelle in allen Ausführungen waren besonders in Europa beliebt, denn oftmals ergänzte man die familienfreundlichen Versionen durch neuere Modelle, die eine bessere Performance boten. Und so kam 1985 der Lancia Delta S4 auf den Markt, mit einem Turbomotor. Im Grunde genommen war das Modell zur Qualifikation für den Motorsport gedacht, um

■ Giorgetto Giugiaro kreierte das Styling, das Lancia 1979 bei der Internationalen Automobilausstellung in Frankfurt enthüllte.

Diese Seite ■ Die HF-Plakette auf dem Kühlergrill steht für „High Fidelity“, um Lancias Rennbestrebungen seit den Sechzigern zu unterstreichen.
Folgende Seiten ■ Bei der Rallye-Weltmeisterschaft schnappte sich der Lancia mehrmals die begehrte Trophäe.

Als die Rennbestimmungen neue Hardware verlangten, war Lancia mit seinem für Rallyes entworfenen Delta Integrale bereit.

in der Gruppe B teilzunehmen. Das geschah auch 1986 und 1987. In der Rallye-Version konnte der S4 Berichten nach von 0 auf 100 in erstaunlichen 2,3 Sekunden sprinten – und das auf einer regulären Straße! Doch solche Flitzer stellten sich sogar für die geschicktesten Rallye-Fahrer der Welt als zu gefährlich heraus, woraufhin man die Vorgaben 1987 änderte.

Doch Lancia war bereit; man fuhr mit dem extra für Rallyes konzipierten Delta HF Integrale in der neuen Kategorie Gruppe A. (Das HF stand für „High Fidelity", eine Plakette, die man seit Mitte der Sechziger an die Sport- und Rennwagen von Lancia angebracht hatte.)

Lancia gewann 1987 die Hersteller-Trophäe und in den darauffolgenden fünf Jahren ebenfalls. Juha Kankkunen siegte 1987 und 1991 und Lancia-Fahrer Miki Biasion fuhr die Trophäe 1988 und 1989 ein. 2020 berichtete die Webseite Petrolicious über einen Straßentest mit einem alten Lancia Delta 4. In dem Bericht schrieb Mario Escudero: „Mich haben immer die technischen Aspekte von Autos interessiert, die ich zu meinen Favoriten zähle, doch eine klasse Ingenieurskunst mit einer eleganten Ästhetik ist noch überzeugender. Der Lancia S4 ist dafür ein exzellentes Beispiel." – „Kann er diesem Hype gerecht werden?", führte er weiter aus und beantwortete selbst seine Frage: „Kurz gesagt – absolut! In jeder Hinsicht beansprucht er deine Aufmerksamkeit. Seine Optik ist vereinnahmend. Die Ernsthaftigkeit seiner Bauweise bereitet den Fahrer auf ein Erlebnis vor, das vollkommene Konzentration erfordert."

Lancias Delta blieb bis Mitte der Neunzigerjahre in Serienproduktion.

Der Karosseriebauer Zagato wurde von einem niederländischen Autonarr und Restaurator beauftragt, ein eher stromlinienförmiges, zweitüriges Coupé des Delta Integrale zu konzipieren. Die Ausführung wurde als Lancia Hyena bekannt. Von ihr wurden zwischen 1992 und 1996 24 Exemplare hergestellt.

MARTINI
MICHELIN
ICE TROPHY
88
MAGNETI MARELLI
WEBER
SELÈNIA

MARTINI
CARELLO
Fiat Lubrificanti

80ER

„In den Achtzigern entstanden keine guten Autos", verkündete eine Schlagzeile. Aber wir haben einige gefunden.

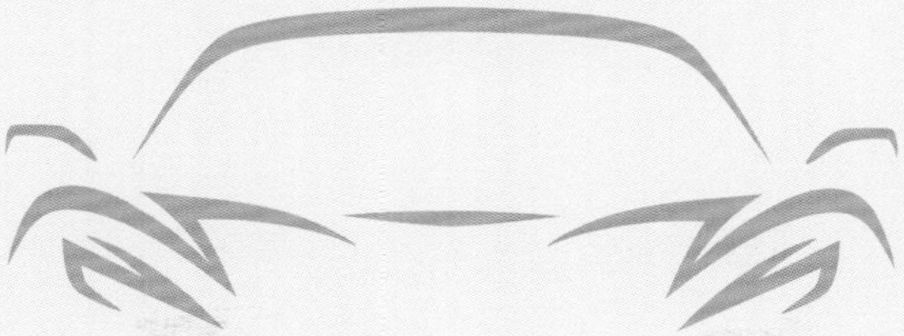

Die Achtziger sind durch widersprüchliche Strömungen charakterisiert. Einerseits waren sie das Jahrzehnt der Dekadenz, wie Gordon Gekko in dem Film „Wall Street" ausrief: „Die Gier […] ist gut." Andererseits herrschten auf der ganzen Welt Unruhe und Instabilität: Kriege um kleine Inseln im Südatlantik, Bürgerkriege und Hungersnöte, die Aids-Epidemie, Tschernobyl, die Sprengung des Flugs Pan Am 103, das Tian'anmen-Massaker und der Fall der Berliner Mauer.

In dem Jahrzehnt lernten wir auch das Internet kennen, MTV, Yuppies und Prozac.

In der *New York Times* stand zu Beginn 2025 die Überschrift: „Die Achtziger sind wieder zurück, aber nicht auf eine gute Art." Den Autofan werden zwei weitere Schlagzeilen interessieren. 2024 schrieb thedrive.com: „Die 80er-Autos waren großartig." Auf der Seite motortrend.com stand hingegen: „Im Grunde genommen entstanden in den Achtzigern keine guten Autos."

In dem Jahrzehnt gab es auf jeden Fall zwei wichtige Entwicklungen innerhalb der Automobilindustrie. Beide können als Resultate der wirtschaftlichen Globalisierung gesehen werden.

Ende 1979 eröffnete der japanische Hersteller Honda eine Autofabrik in den USA. Innerhalb weniger Jahre folgten Nissan und Toyota. Dann startete Toyota mit General Motors eine gemeinsame Fabrik, was Mitsubishi auch mit Chrysler machte. Zwischenzeitlich wurde die Produktion in Südkorea, Indien und Lateinamerika deutlich hochgefahren. Gleichzeitig tauchte das Konzept eines „Welt-Automobils" auf.

„Die nationalen, sich im Design zeigenden Unterschiede der jeweiligen nationalen Marktbedingungen sind nun verschwunden und einem standardisierten Modellvorbild gewichen", schrieb Professor James J. Flink 1998 in seinem Buch *The Automobile Age.* Laut ihm wurden die neuen Fahrzeuge mit Komponenten aus verschiedenen Ländern hergestellt.

Die Professorin und Historikerin Penny Sparke bemerkt in ihrer Publikation *A Century of Car Design:* „Die finanziellen Schwierigkeiten der Achtziger brachten die ‚Designer-Kultur' im Bereich der Wohngewohnheiten – Möbel und Haushaltsgeräte – hervor. Sie war eine Antwort auf den Konsumentenglauben, dass sie sich entweder von der Rezession ‚frei-kaufen' oder sie durch die Schaffung ihres individuellen ‚Lebensstils' vergessen konnten."

Ihrer Auffassung nach blieben die Autos davon relativ unberührt – damals. „Als es dann in den Neunzigern geschah, waren die Resultate dramatisch." Später in diesem Buch werden wir uns auf die Automobile der Neunziger konzentrieren, die mehr Energie innerhalb von eng gesteckten Emissionsregeln brachten. Erst aber präsentieren wir eine Reihe von Autos, die ihre Spuren in den Achtzigern hinterließen.

Einige waren aus der jeweiligen nationalen Kultur hervorgegangen, andere mit einer globalen Relevanz produziert worden.

Sie alle haben eins gemeinsam: Sie werden immer noch von Auto-Enthusiasten und Sammlern in Ehren gehalten – und das vier Jahrzehnte später.

1980 ➤ 1989

AUDI QUATTRO

Ein Allradantrieb für alle Wetterlagen

Die Ahnenforschung ist ein Hobby, das viele Menschen fasziniert (und frustriert), wenn sie sich auf die Suche nach ihren Wurzeln begeben. Autohersteller haben auch eine Geschichte, und diese kann ähnlich spannend sein. Zum Beispiel bei Audi.

1896 begann der deutsche Ingenieur August Horch für Carl Benz zu arbeiten, dem die Erfindung des Automobils zugeschrieben wird. Nach drei Jahren der Managementführung der Mannheimer Fabrik gründete Horch mit A. Horch & Co. sein eigenes Unternehmen, wo er 1900 mit der eigenen Autoproduktion begann.

1906 gewann eins seiner Automobile die Herkomer-Konkurrenz, eine 800 Kilometer lange Testfahrt, die Höhenunterschiede und Geschwindigkeitsprüfungen beinhaltete, gegen die leistungsstärkeren und teueren Konkurrenten.

Doch schon bald überwarf sich Horch mit seinen Partnern, wobei er den Firmennamen verlor. Er gründete ein neues Unternehmen namens Audi, das sich von der lateinischen Vokabel für Hören ableitete. Horchs Audi gewann das alpine Rennen so häufig, dass er den Wanderpokal dauerhaft aufbewahren musste.

Nach einem Jahrzehnt bei Audi verließ Horch die Firma und wechselte zum Deutschen Wirtschaftsministerium. 1932 wurde Audi in die deutsche Auto Union AG aufgenommen (darum auch das Symbol mit den vier Ringen).

Das Unternehmen gehörte ab 1972 zur Volkswagen-Gruppe. Ein Jahr später stieg Ferdinand Porsches Enkel Ferdinand Piëch bei der Ingenieursabteilung ein.

Er hatte bereits bei Porsche den Motorsport betreut und wollte nun Audi zum Rennsport bringen. Während der Arbeit an einem Vierradantrieb für ein zukünftiges Jeep-ähnliches Fahrzeug für Volkswagen kreierte Piëchs Team den „quattro"-Ansatz, ein Vierradantrieb, der nicht nur auf schneebedeckten Straßen seinen Dienst verrichtete, sondern auch auf der Rennstrecke. Das innovative System war leichter als vorherige Ausführungen. Im Herbst 1980 gewann Audi die Rallye Portugal mit einem Vorsprung von 30 Minuten. Kurz danach folgte die Serienproduktion des Audi quattro, ein Coupé, von einem Fünfzylinder-Turbomotor angetrieben.

■ Der Audi quattro war ein Modell, das durch den Vierradantrieb seine Wirkung entfaltete.

Audi
quattro
quattro

RENAULT 5 TURBO

Ein ursprüngliches Schrägheck-Modell verwandelt sich in ein Mittelmotor-Motorsport-Monster.

1980 ➤ 1989

Die Geschichte des Renault 5 reicht bis in die frühen Siebziger zurück. Er wurde in den USA von 1976 bis 1983 als *Le Car* verkauft.

Driving.ca, eine kanadische Webseite, berichtete von einer Testfahrt in einem überlebenden R 5 von 1986: „Sogar im französischsprachigen Quebec hat der Durchschnittsfahrer keine allzu guten Erinnerungen an den Wagen, auch wenn er eine schnittige Kurve mit einer terrierähnlichen Hartnäckigkeit nimmt." Trotzdem: „Die französische Schrulligkeit hinsichtlich der Mechanik [...] verliert ihren Charme angesichts der in Japan produzierten Zuverlässigkeit."

Zum Beweis seiner Wettbewerbsfähigkeit präsentierte Renault 1978 in Paris den Prototyp 5 Turbo und 1980 auf dem Brüsseler Autosalon das Serienmodell. Allgemein als R5 Turbo bekannt, lässt sich das Auto auf den Renault 5 zurückführen.

Der Rallye-Wagen und die für die Zulassung (Homologation) nötigen Straßenausführungen wurden mit einer veränderten Karosserie ausgestattet, die Marc Deschamps und Marcello Gandini von Bertone entwarfen. Das Studio veränderte das Metall der Karosserie und entwarf auch einen unterscheidbaren Innenraum, dessen auffälliges Farbschema aus dem Rahmen fiel. Während der Standard-Renault einen schlappen Vierzylinder-Frontmotor hatte, verfügte der R5 Turbo über einen

■ Der Renault 5 war ein eher mondänes Schrägheckmodell, dass vom Unternehmen in ein Mittelmotor-Kraftwerk für den Motorsport verwandelt wurde.

RENAULT CHARTRES
Diac
elf
elf
Budget
MICHELIN
BOZIAN
Diac
6
elf
CIBIE

■ Der Renault 5 Turbo setzte sich unter den schwierigen Bedingungen der Rallye Monte-Carlo durch, bewies aber auch seine Fähigkeit auf trockener Rennstrecke.

vierzylindrigen 1,4-Liter-Mittelmotor, der hinter den Vordersitzen untergebracht war. Er brachte fast 162 PS und ein Drehmoment von 221 Nm. Das war mehr, als jedes andere damals aktuell produzierte Auto in Frankreich vorzuweisen hatte.

Der R5 hatte bei der Rallye Monte-Carlo seinen ersten Auftritt, wo ihn Jean Ragnotti zum Sieg fuhr. Für sportliche Anlässe „kurbelte" man die Motorleistung hoch, zuerst auf 183 PS, dann auf 210 PS und 1987 schließlich auf 390 PS. In dem Jahr holte sich der R5 Turbo den ersten Platz bei der French Supertouring Championship.

„Stellen Sie sich vor, dass die heutigen Schrägheckmodelle einem aktuellen Mittelmotor-Ferrari davonrasen und zudem über eine bessere Bedienung verfügen", sinnierte der Versicherer und Gutachter Hagerty 2023. „Der R5 Turbo schlug den Ferrari 308 – wie auch jedes andere Supercar –, indem der Turbo-Motor nach hinten verlagert wurde, wo sich sonst die Rückbank befand. [...] Was für ein Wagen das war!"

In Großbritannien schrieb das Magazin *Evo* ein Jahr früher: „Die heutigen WRC-Wagen sind zutiefst beeindruckend und die Fahrer geschickt wie immer, doch man sucht in der Spitzenklasse verzweifelt nach einem straßentauglichen Äquivalent [...] In den Achtzigern war alles anders. Vor der Gruppe B kam die Gruppe 4, bei der der Lancia Stratos gegen den Escort fuhr, den Fiat 131 und gegen den prägnantesten Flitzer der Ära, den Renault 5 Turbo. Statt mit dem Vorderradantrieb zu kämpfen, packten die Renault-Ingenieure den 1,4 Liter Turbo zwischen die Hinterräder und motzten die Karosserie ihres ‚Einkaufswagens' zu einem rennbereiten Monster auf [...] Das Asphalt-Ass Jean Ragnotti fuhr den Wagen bei der Rallye Monte-Carlo dreimal zum Sieg und erreichte bei anderen Rennen starke Resultate."

Letztendlich wurde der R5 Turbo von den anderen in der Gruppe B übertrumpft. Renault baute auf seinen legendären Ruf auf und brachte 2022 den 5er in einer E-Variante auf den Markt.

1980 ➤ 1989

DeLOREAN DMC-12

Das durch einen Film berühmte Kultauto eines Mannes, dessen Leben Stoff für Drehbücher bot

Einige Jahre bevor sein Name mit einem Sportwagen aus edelstahlbeplankter Kunststoffkarosserie bekannt wurde, arbeitete ein amerikanischer Automobilingenieur zuerst bei Chrysler, dann bei Packard und schließlich bei General Motors.

DeLorean stieg schnell in der Pontiac-Abteilung auf, wurde 1959 Chefingenieur und leitender Manager und daraufhin Vizepräsident bei General Motors. Wenige Jahre später ernannte man ihn zum obersten Manager bei Chevrolet, der größten und wichtigsten Firmenabteilung von GM, und danach zum Vorstand aller Automobil- und Truck-Entwicklungen.

Als Pontiacs leitender Manager half er bei der Entwicklung des GTO, einer amerikanischen Limousine und zugleich das erste „Muscle Car". Er sorgte für reichlich Trubel und garantierte für den Realitätsgehalt von Pontiacs Slogan „We Build Excitement".

DeLorean erlebte aufregende Zeiten. Er änderte

■ Der DeLorean DMC-12 war in „Zurück in die Zukunft" zu sehen, doch sein Schöpfer John Z. DeLorean wurde zum Thema von vier weiteren Hollywood-Streifen: „Car Crash: The DeLorean Story" (2004), „Benzin im Blut" (2018), „Framing John DeLorean" (2019) und „DeLorean – Living the Dream" (2020).

DMC

seinen Stil (und unterzog sich einer Schönheits-OP), ließ sich scheiden, heiratete eine Schauspielerin, ließ sich wieder scheiden, zog nach Nordirland und überzeugte sein Team, eigene Autos zu fertigen.

Er beauftragte den weltweit besten Auto-Designer Giorgetto Giugiaro mit dem Entwurf und den vielleicht berühmtesten Ingenieur Colin Chapman mit der Entwicklung des DeLorean DMC-12 aus einem seiner Lotus-Modelle.

Giugiaros keilförmiges Design beinhaltete die Flügeltüren mit Fenstern, die wegen des starren Glases und der gewölbten Tür nur einen winzigen Spalt für die Lüftung boten.

DeLoreans Ziel war der sogenannte „ethische Sportwagen“ mit einem fortschrittlichen Chassis, teils aus Kunststoff, und einem Wankel-Mittelmotor. Man baute das Auto auf einem modifizierten Lotus-Esprit-Chassis auf. Es wurde von einem V6 angetrieben (auch Peugeot, Renault und Volvo nutzten ihn), der nur 132 PS brachte und eine geringere Dynamik hatte als die, die man von einem Sportwagen erwartete.

Auch gab es Qualitätsprobleme wie undichte Türen, schwierig zu reparierende Karosserie-Komponenten, nicht zu vergessen die Probleme mit der Elektrik innerhalb des Armaturenbretts.

1980 begann endlich die Produktion, 1981 der Verkauf. 1982 musste das Unternehmen Konkurs anmelden, nachdem man DeLorean wegen Drogenschmuggels verhaftet hatte (ein Vorwurf, der zurückgezogen wurde). Als der Konkursverwalter seine Tätigkeit aufnahm, hatte die Firma 7500 Fahrzeuge produziert und weniger als die Hälfte davon abgesetzt. Das Magazin *Motor Trend* urteilte: „Stilistisch war der DeLorean eine Tour-de-Force, aber in technischer Hinsicht so flach wie sein Seitenprofil. Der 2,8-Liter PRV V-6 drückte nur schlaffe 132 PS aus seinen Röhren und 202 Nm Drehmoment, gerade genug, um den 1300 Kilo schweren Wagen in ungefähr neun Sekunden auf 100 km/h zu bringen, wenn er mit der Fünfgang-Schaltung ausgestattet war. DeLorean-Besitzer verließen das Restaurant klugerweise nach all den Lamborghini-Countach-Fahrern, denn sonst wären sie schon bei der ersten Ampel eingeholt worden.“

Unten ■ Im Gegensatz zu der Version mit dem „Fluxkompensator“ wurde der DeLorean mit einem 132 PS-V6 angetrieben, wie ihn auch Peugeot, Renault und Volvo nutzten.

Oben ■ DeLorean beauftragte Größen wie Giorgetto Giugiaro und Colin Chapman mit dem Bau des DMC-12, bei dem die Edelstahlkarosserie und die schwer bedienbaren Seitenfenster auffielen.

Doch das alles schien nicht viel zu bedeuten, als der Schlitten in *Zurück in die Zukunft* (1985) und den Fortsetzungen eine Hauptrolle übernahm. Im Film wird das Gefährt von einem verrückten Wissenschaftler mit einem durch Plutonium angetriebenen „Fluxkompensator" ausgestattet, der ihn in eine Zeitreisemaschine verwandelt, die Michael J. Fox als Marty McFly ins Jahr 1955 zurückbringt, wo er seinen zukünftigen Eltern begegnet.

PORSCHE 944

Porsches Einstiegs-Sportwagen schlug Rivalen von Lotus bis Ferrari bei einem US-Test von Importfahrzeugen.

1980 ➤ 1989

Um existenzfähig zu bleiben, benötigte Porsche einen Einsteiger-Sportwagen. Nicht jeder brauchte einen 911 (oder konnte ihn sich leisten), und der kurzlebige 912 (ein 911 mit einem Vier- statt Sechszylinder) war nicht die Antwort. Als Nächstes kam der 914, ein Zweisitzer mit einem Mittelmotor und einem Targa-Dach.

Dann folgte der 924. In Zusammenarbeit mit Volkswagen entstand ein Sport-Coupé mit einem wassergekühlten Frontmotor, der in speziell modifizierten Versionen an beide Firmen gehen sollte. Letztendlich blieb er bei Porsche.

Der 924 wurden zum 944 weiterentwickelt, der wiederum zum 968 führte. Die 944/968 stellten sich bis zum Erfolg des Boxster (Sportwagen mit Mittelmotor) in den späten Neunziger-/frühen Nullerjahren als Bestseller heraus.

Anders als der 911 mit Heckmotor, war der 944 eher ein konventioneller Sportwagen mit einem flüssigkeitsgekühlten Frontmotor, der die Kraft auf die Hinterachse übertrug. Der Motor war ein 2,5-Liter Vierzylinder, praktisch ein „halber" V8 des Porsche 928. Auch eine Turbo-Version stand zur Verfügung. Der 944 ähnelte den anderen Sportwagen deutlicher – besonders wenn die Hauptscheinwerfer eingefahren wurden. Auch darf man das lang gezogene Heck nicht vergessen. Der 944 stand auch als Cabriolet zur Verfügung.

Obwohl das offizielle Debüt auf der Frankfurter Automobil-Ausstellung stattfand, startete der Wagen in der „Tarnung" eines 928 GTP bei den 24 Stunden von Le Mans. Jürgen Barth und Walter Röhrl hatten die Turbo-Version auf Platz 7 befördert. 1984 testete *Car and Driver* acht Importwagen, darunter der Audi quattro, der Ferrari 308, ein Lotus Esprit Turbo und sogar der Porsche 911 Carrera. Der Gewinner? Der Porsche 944.

■ Zum Antrieb des 944 entwickelte Porsche einen Motor, der im Grunde genommen ein „halber" V8 des Porsche 928 war.

BUICK GN/GNX

Das vom Motorsport angestoßene kurze Revival des Muscle Car

■ Der Buick GMX war in der Beschleunigung von 0 auf 100 km/h schneller als ein Ferrari F40.

1980 ➤ 1989

In den Sechzigern brachten die amerikanischen Autohersteller eine Vielzahl von großen Autos auf den Markt, auch bekannt als „Muscle Cars". Es begann mit dem Pontiac, dem die Ingenieure den leistungsstärksten V8 unter die Motorhaube einer mittelgroßen Familienlimousine „packten", um den Pontiac GTO auf den Markt zu bringen.

Schon bald stiegen andere in das Rennen ein – und das wortwörtlich. Die Ingenieure in den Fabriken und die Kunden starteten von Ampeln aus Rennen, um zu zeigen, welcher Wagen am schnellsten war, sei es der GTO, der Chevrolet Chevelle 396, ein Oldsmobile 442, der Mercury Cyclone, der Dodge Charger oder der Plymouth GTX.

Doch in den Siebzigern verringerte sich die Anzahl der Muscle Cars angesichts der Ölkrise, neuer Emissionsvorschriften und steigender Versicherungskosten.

Die Buick-Abteilung von General Motors hatte das Gran Sport Modell ins Rennen geschickt, angetrieben von einem 7,4-Liter V8. Auch stellten sie 1981 den Regal Turbo für das Indianapolis 500 zur Verfügung, der aber statt eines V8 Turbo einen V6 Turbo hatte, um zu beweisen, dass ein treibstoffeffizienter Motor leistungsstark war.

Buick machte sich dann die Regeln des „Indy car" zunutze und produzierte einen V6, der beim Indianapolis 500 im Jahr 1985 schnell genug für die Pole-Position bei der Qualifikation war.

1981 gewann ein Buick die Rennserie NASCAR, was der Hersteller 1982 mit dem Gran National (V6) feierte, der später auch als Turbo antrat (238 PS, 447 Nm Drehmoment). 1987 gewann der Buick GNX beim Gran National. Das X stand übrigens für „Experiment". Das stellte ein kurzes Revival des Muscle Car dar, produziert von der amerikanische Abteilung von McLaren. Danach wurden noch einige stärkere Modelle gebaut.

MOTORCRAFT PLUGS-SPARKS FLY!
Shell
Shell
PIRELLI
PIRELLI

1980 ➤ 1989

FORD RS200

Ein Ford mit einem Erscheinungsbild und einem Fahrverhalten wie kein anderer

„Fragt man einen Rallye-Fan nach seiner bevorzugten Ära, sind die Chancen hoch, dass auf seiner Liste die wilden Jahre der Gruppe B ganz oben stehen", schrieb das britische Magazin *Evo* 2019.

„Es war eine Zeit kompromissloser und durchgeknallter Technik, mit Designern und Ingenieuren, die bei der Interpretation der Regeln alles bis zum Äußersten ausreizten und diesen Monstern mit Turbo und Vierradantrieb zur bestmöglichen Performance verhalfen. Die Bestimmungen setzten 200 Straßenfahrzeuge der Rallye-Version voraus, wodurch sich auch in diesem Segment beeindruckende Wagen ihren Weg bahnten. [...] Und das teuflischste Geschoss war der Ford RS200."

Wie *Evo* erklärte, war es ein zielgerecht gebauter Wagen, „der so aussah – und so fuhr – wie kein anderer Ford vorher oder nachher."

Ford hatte 1979 die Rallye-Weltmeisterschaft mit einer Version der Escort-Limousine gewonnen, einem Modell, das aus der Produktion genommen wurde. Um in der Gruppe B hinsichtlich der Regeln des Jahres 1982 wettbewerbsfähig zu sein, musste Ford ein neues Modell von Grund auf bauen, und so entstand der RS200.

Der neue Ford hatte ein Aluminium-Chassis, einen Vierzylinder Turbo-Mittelmotor (252 PS bei der Straßenversion und 456 PS in der Rallye-Ausführung) und eine neue Aufhängung. Das alles wurde in eine exotische Form „eingepackt" (aus Kevlar für die Rallye und aus Glasfaser für die Straße). Für den Entwurf zeichnete Filippo Sapino von Ghia-Design verantwortlich (mit Unterstützung von Ian Callum).

Die Wagen des Rallye-Teams kamen erst spät zum Zuge und waren bis auf einen dritten Platz bei der schwedischen Rallye eher erfolglos. Jahre später fuhr der Rallye-Champion Stig Blomqvist einen RS200, allerdings eine Version mit sage und schreibe 913 PS, bei dem Pikes Peak International Hill Climb 2004 ins Ziel.

■ Eine wahre Rallye-Version, nur mit wenigen Ford-Teilen

105
TAC RACING

1980 ➤ 1989

PEUGEOT 205 GTI

Frankreichs konservativster Hersteller stellt einen heißen Schrägheck her.

Das Automobil mag in Deutschland erfunden worden sein, doch die Automobilindustrie startete in Frankreich, wo Panhard & Levassor sowie Peugeot bereits ab 1890 Fahrzeuge fertigten.

Armand Peugeots Familie beschäftigte sich bereits seit 1810 mit der Stahlproduktion; es folgten Sägen, Handwerkzeuge, Kaffeemühlen und Fahrräder.

Schon früh demonstrierte Peugeot das Durchhaltevermögen seiner motorisierten Vehikel durch die Teilnahme an Rennen. Das erste Autorennen – die 126 Kilometer von Paris nach Rouen 1894 – gewann Peugeot. Alle fünf teilnehmenden Peugeots schafften es über die Zielgerade.

Obwohl Peugeot als der konservativste der drei Fahrzeughersteller Frankreichs angesehen wird, ließ er 1983 einen verblüffenden Nachfolger für seinen 104 aus den Werkstoren fahren. Der neue und etwas größere Wagen war im eigenen Haus designt worden. Man beschrieb ihn als „ein visuelles Meisterwerk – wohl geformt, kurvenreich und delikat proportioniert". Das britische Maganzin *CAR* kürte ihn zum „Auto des Jahrzehnts".

Der 205 war als drei- oder fünftüriger Schrägheck erhältlich, mit unterschiedlichen Motorstärken und Spezifikationen. Darunter waren der GT, der Turbo 16 4x4 für den Rallye-Sport und 1984 der 205 GTI, ein Dreitürer mit einem 1,6-Liter- oder 1,9-Liter-Vierzylinder.

Der Peugeot 205 Turbo 16 verhalf Timo Salonen 1984 und Juha Kankkunen 1985 zum Sieg bei der Rallye-Weltmeisterschaft. Der Autoversicherer und Gutachter Hagerty schlug den „lebhaften und fabelhaften" 205 GTI als heißestes Heckklappenmodell der Achtziger vor, trotz der Präsenz des Volkswagen Golf GTI und des Renault 5 GT Turbo. Für ihn war er die perfekte Verschmelzung aller Vorzüge.

■ In der Turbo-16-Ausführung machte der 205 Timo Salonen und Juha Kankkunen zu Weltmeistern.

Die typischen europäischen Schrägheckmodelle waren so praktisch wie eine wasserdichte Jacke mit Kapuze, doch der Peugeot galt als lebendig und fabelhaft.

■ Im eigenen Haus entworfen, war der Peugeot „ein visuelles Meisterwerk – wohl geformt, kurvenreich und delikat proportioniert“.

FERRARI TESTAROSSA

Subtilität?
Nicht bei diesem Hingucker!

1980 ➤ 1989

Testarossa beschreibt im Italienischen einen „roten Kopf“. Enzo Ferraris Sportwagenunternehmen nutzte das Wort erstmalig 1956 für den 500 TR, so genannt wegen der rot lackierten Ventildeckel des Vierzylinder.

Nach der Rennsaison 1957 erforderten die überarbeiteten Regularien einen neuen Ferrari. Es war der Ferrari 250 Testa Rossa, auch bekannt als 250 TR, immer noch mit rot lackierten Ventildeckeln, doch diesmal wegen des V12 in zwei Reihen angebracht. Der 250 TR begann bei der World Sports Car Championship 1958. Er gewann zehn Rennen, darunter die 24 Stunden von Le Mans, und holte drei Saisonsiege.

Ferrari erklärt die Kreation auf der Webseite: „Mit seiner flachen Nase, den außergewöhnlichen Seitenschlitzen und den breiten Hüften spiegelte Ferraris Design-Partner nicht nur den Zeitgeist wider, sondern beschleunigte ihn. Das neue Modell – mit einer Anspielung auf den alten Namen – wurde noch vor dem Pariser Autosalon 1984 im Théâtre du Lido an den Champs Élysées vorgestellt. Es ist ein Wagen, dessen Nachname ‚Showbusiness‘ lautet.“

In der Tat, denn an diesem Automobil gab es nichts Subtiles. Es war dafür produziert worden, dass die Leute sich auf den Fußgängerwegen umsahen und den Hals verrenkten.

Eingeführt 1984 und bis 1996 produziert, zeichnete sich das Styling von Leonardo Fioravanti durch die markanten Karosserieschlitze aus. Es waren im Grunde genommen „Luftschächte“ zur Kühlung des zwölfzylindrigen Heckmotors, die von einigen humorvoll als Eierschneider bezeichnet wurden, aber nie unbemerkt blieben.

Der legendäre Ferrari hatte seinen Namen von den rot lackierten Ventildeckeln und dem Zwölfzylinder-Motor mit 390 PS.

Auch der Testarossa an sich war wegen der flachen Nase, dem breiten Heck und dem Sound des 4,9-Liter (180-Grad-V-Motor) ein Hingucker, der satte 396 PS pumpte und den Wagen auf 290 km/h brachte. 2017 stellte das Magazin *Road & Track* die Frage: „Wir alle wissen, dass der Ferrari Testarossa fantastisch ist, aber wie lässt er sich fahren?", und fügte hinzu, dass es einen Grund geben müsse, warum das Auto auf so vielen Postern abgebildet sei. Um das zu beantworten, unternahm das Magazin eine Testfahrt mit einem Modell von 1991: „Springen Sie in einen gepflegten Testarossa […] und Sie fühlen sich wohl in Ihrer Welt. Der Zwölfzylinder-Motor singt und das italienische Leder ist perfekt. Pininfarinas klassisches Styling ist die Versicherung, dass Sie die Szene beherrschen werden, egal, wo Sie auch sind." Der Autor

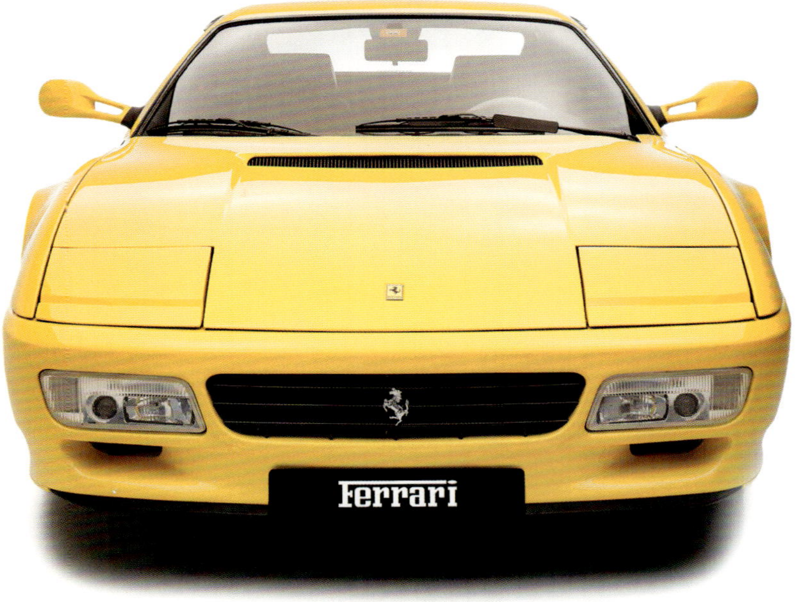

Vorherige, diese und folgende Seiten ■ Die atemberaubenden Karosserieschlitze waren nicht nur ein Teil des Designs, sondern dienten auch zur Kühlung des vor der Hinterachse eingebauten 4,9-Liter-Motors.

dieses Buches testete den Renner, als er noch neu auf dem Markt war, und ließ sich von dem unmittelbaren Fahrgefühl eines Sprinters der „Olympia-Klasse" beeindrucken, besonders auf der Kurzstrecke, und verglich es mit dem Gefühl eines American-Football-Spielers, der alle umrennt, die ihn vom Ziel trennen. Man hatte ein optimales Sitzgefühl in einem mit Leder bezogenen Sitz, griff in das Lenkrad und grinste über beide Ohren. Der Wagen hatte zwar kein Radio, aber das war völlig egal, denn der Zwölfzylinder sorgte für den Soundtrack.

Ferrari

CHEVROLET CORVETTE C4

Der C4 markierte die vierte Generation des amerikanischen Sportwagens, mit der eine neue Ära begann.

Ende 1951 bestimmte der Chefdesigner Harley Earl von General Motors ein neues Team, um eine amerikanische Version des zweisitzigen europäischen Sportwagens zu entwerfen, aber mit einem Vorbehalt: Sollte dem Vorschlag für die Produktion zugestimmt werden, durfte er keine Metallkarosserie haben, sondern musste aus demselben zusätzlich verstärkten Glasfasermaterial herstellbar sein, das bereits im Flugzeug- und im Bootsbau Verwendung fand.

Das Resultat – die Chevrolet Corvette – wurde bei der Motorama vorgestellt, der jährlichen Show von General Motors im Waldorf Astoria in New York City. Sie erwies sich als so populär, dass sie innerhalb weniger Monate in Produktion ging. (Außerdem musste man nicht auf Stahl-Paneele für die Karosserie warten.) Ein Jahrzehnt später erschien die zweite Generation als Coupé. Fünf Jahre danach folgte die dritte, deren Design an das dramatisch anmutende Mako-Sharck-Konzeptauto angelegt war. Mitte der Achtziger schlug die Stunde für einen neuen Entwurf. Die Produktion des Sportwagens wurde nach Bowling Green in Kentucky verlegt. Durch Verzögerungen kam der Wagen erst 1984 auf den Markt, aber das Warten hatte sich gelohnt.

Die Webseite *Autopian* beschrieb den C4 als „einen bedeutenden Moment in der Corvette-Geschichte. Die Corvette ist nicht ein weiterer Technikkeil der Achtziger. Sie war die Blaupause für die folgenden drei Jahrzehnte und definierte, was Corvette konnte und können sollte."

Die Transformation des Wagens beinhaltete ein moderneres und schlankeres Design (die Windschutzscheibe hatte einen Winkel von 64 Grad), wodurch sich der Luftwiderstand um beeindruckende 25 Prozent reduzierte. Das Modell verfügte über ein zurückklappbares Dach im Targa-Stil. Das Chassis wurde verbessert, was auch auf den moderneren

■ Die vierte Generation: eine aerodynamische Form, neue Technologie und ein neues Werk

1980 ➤ 1989

Die C4 Corvette brachte 225 km/h für weniger als die Hälfte der Kosten des günstigsten Ferraris.

Innenraum zutraf. Der Wagen war circa 20 Zentimeter kürzer, aber fünf Zentimeter breiter und circa 90 kg leichter (aufgrund der Aluminiumkomponenten) als die C3-Version. Der Motor blieb zwar identisch, brachte nun aber 208 PS und 393 Nm Drehmoment. Erstmalig wurde auch ein Viergang-Getriebe angeboten. Darauf reagierten die Sportwagen-Fans, was zu 50 000 verkauften Autos im Modelljahr 1984 führte.

Car and Driver schwärmte: „Amerika begeistert die Einsteiger", und nannte den C4 „einen geborenen Weltklasse-Sportwagen voller technischer Reife". Mit einer

Diese Seiten ■ Der C4 war fünf Zentimeter breiter und circa 90 Kilogramm leichter.

Oben ■ Das Interieur war mit mehr Elektronik ausgestattet.

Unten ■ Im Gegensatz zu Europas schnellsten Sportwagen hatte die Corvette einen Frontmotor.

Höchstgeschwindigkeit von 225 km/h war die neue Corvette eine „von einem halben Dutzend der schnellsten Straßenausführungen auf der ganzen Welt".

So atemberaubend die 84er-Version auch war, musste *Motor Trend* aus der Retrospektive feststellen, „dass die Ausgangsversion Raum für ständige Verbesserungen bot […] und diese geschahen auch". Das Magazin listet die Sechsgang-Version auf und den Start von Modellen mit einer höheren Performance, wozu der ZR1 1990 gehörte. 1992 wurde ein V8 mit satten 304 PS verbaut. Dieser Motor erreichte im Jahr 1996 345 PS, das letzte Jahr, in dem die vierte Generation des amerikanischen Sportwagens gefertigt wurde.

TOYOTA MR2

Ein erschwinglicher Mittelmotor-Sportwagen aus Japan

Haben Sie sich schon einmal überlegt, wo der Motor eines Autos idealerweise sitzt? Sicher, die meisten Autos haben ihn vorn, die Insassen in der Mitte und den Kofferraum hinten. Aber Heckmotoren haben bei Volkswagen und Porsche zweifellos funktioniert. Zudem gibt es Autos mit einem Mittelmotor dicht hinter dem Fahrgastraum, obwohl dann meist nur Platz für Fahrer und Beifahrer bleibt.

Durch die Verteilung des Gewichts des Motors, des Getriebes und sogar der Insassen wird ein Gleichgewicht zwischen Vorder- und Hinterachse sowie den Seiten hergestellt, wodurch sich die Lenk-, Federungs- und Bremsleistung optimieren lässt. Eine solche Anordnung kann auch die Aerodynamik verbessern, da keine hohe Motorhaube um den typischerweise vorn platzierten Motor erforderlich ist.

Exotische (und teure) Sportwagen haben oft Mittelmotoren, aber gelegentlich bemühen sich Hersteller, auch erschwinglichere Modelle so zu bauen. Beispiele hierfür sind die 1970er- und 1980er-Jahre, als Fiat den X1/9,

■ Toyota hatte sich zum Ziel gesetzt, ein Auto mit geringem Kraftstoffverbrauch zu entwickeln, das Spaß beim Fahren macht. Das Ergebnis ist jedoch ein echter Sportwagen geworden.

Porsche den 914, Pontiac den Fiero und Lancia den Scorpion (in Europa unter dem Namen Beta Monte Carlo) auf den Markt brachten. 1983 stellte Toyota auf der Tokyo Auto Show ein Mittelmotor-Konzeptfahrzeug namens SV-3 vor. Ein Jahr später ging das Konzept als Toyota MR2 in Produktion, dessen Name sich wahrscheinlich von „Midship Runabout (Mittelmotorsportwagen) mit zwei Sitzen“ ableitet, obwohl es in englischsprachigen Ländern in der Regel „Mister 2“ genannt wurde.

Ursprünglich wollte man ein Auto bauen, das günstig war, wenig Kraftstoff verbrauchte und Spaß beim Fahren machte, aber nicht unbedingt ein echter Sportwagen sein musste. Dank des 1,6-Liter-Vierzylinder-DOHC-Motors, des Fünfgang-Schaltgetriebes und der Scheibenbremsen an allen vier Rädern wurde der MR2 genau das.

Car and Driver nahm ihn sofort in seine jährliche Liste der zehn besten Autos auf. *Motor Trend* bezeichnete den MR2 als „preisgünstiges exotisches Auto“. *Automobile* stellte ihn in einem Vergleichstest einem Ferrari 308 gegenüber.

BMW
M3

Der bayerische Autohersteller spendiert seinem Kompaktwagen mehr Leistung und ein M-Emblem.

1980 ➤ 1989

Der deutsche Automobilhersteller BMW gründete im Frühjahr 1972 BMW Motorsport mit acht Mitarbeitern, die für den Motorsportbereich des Unternehmens zuständig waren. Den Anfang machte ein 3.0 CSL Coupé, das in der deutschen und europäischen Tourenwagenmeisterschaft an den Start ging.

Der Erfolg im Motorsport weckte das Kundeninteresse an leistungsstarken Modellen, weshalb BMW beim Pariser Autosalon 1978 sein erstes Modell mit M-Emblem vorstellte: den M1, einen für den Rennsport konzipierten Mittelmotor-Sportwagen.

Ein Jahr später kehrte das M-Emblem auf dem M535i zurück, einer Hochleistungsversion der BMW 5er-Limousine. Das beliebteste M-Modell kam 1986 auf den Markt: der M3, der auf der zweiten Generation der 3er-Kompaktcoupés und Cabrios (E30) beruhte. Während der Standard-325i mit 170 PS starken Sechszylinder-Reihenmotoren ausgestattet war, erhielt der M3 hochtourige 2,3-Liter-Vierzylinder-Reihenmotoren, die 1986 und 1987 197 PS, 1988 223 PS und 1989 und 1990 241 PS leisteten. Die M-Versionen waren außerdem mit verbesserten Getrieben, Federungen und Bremssystemen ausgestattet.

1987 schrieb *Car and Driver* über den 1988er M3: „Die Bayerischen Motorenwerke sind mit einer Flotte von Autos für Fahrbegeisterte zurück auf der Überholspur, und der M3 legt eindrucksvoll Zeugnis von der neuen Ausrichtung der Firma ab. Es ist das jüngste Modell der starken BMW-Motorsport-Reihe, das unsere Breiten erreicht hat. Falls Sie sich noch nicht so gut mit M-Modellen auskennen: Es sind limitierte Hochleistungsversionen der Limousinen der 3er-, 5er- und 6er-Serie. Jahrelang blieben die M-Modelle europäischen Käufern vorbehalten, aber seit Anfang dieses Jahres kommen auch hungrige amerikanische Liebhaber in den Genuss."

Das Magazin dankte der Homologation für Gruppe-A-Rennen dafür, dass ein solches Auto auf den Markt kam, und fügte hinzu: „Das Rennsporterbe des M3 wird sofort durch seine kraftstrotzende Karosserie deutlich. Mit seiner aggressiven Kombination aus Luftleitblechen, Kotflügelverbreiterungen und Spoilern lässt er das Herz aller Jungen (oder Mädchen) höherschlagen, die das Glück haben, einen Blick darauf zu erhaschen."

■ Der ursprüngliche M3-Motor hatte nur vier Zylinder statt der üblichen sechs, aber mehr Pferdestärken, und die Wagen wurden auch anderweitig verbessert, um dieser Leistung gerecht zu werden.

Liebhaber waren hingerissen und sind es immer noch, denn originale M3s sind begehrte Sammlerstücke.

„Die Überarbeitung im Inneren ist genauso beeindruckend. […] Formel-1-Fans werden sich beim Öffnen der Motorhaube des M3 wie im siebten Rennhimmel fühlen. Unter der Haube sitzt eine selbstansaugende 2,3-Liter-Version des brutalen Vierzylinder-Grand-Prix-Turbomotors von BMW. […] Was sich eindrucksvoll liest, fühlt sich auf der Straße genauso aufregend an […] genug Power, um den Mercedes-Benz 190E 2.3-16 abzuhängen und mit dem Porsche 944S gleichzuziehen. […] Alles in allem sind wir hingerissen."

Der Oldtimer-Versicherer und Marktwertanalyst Hagerty ist es auch: „Moderne Oldtimer sind kaum begehrter und beliebter als der originale BMW M3."

Anfang der 1990er-Jahre löste der E36 den E30 ab, und mit ihm kamen die M-Versionen, darunter auch eine viertürige Limousine sowie M3 Coupé und Cabrio. Jedes Modell hatte einen Sechszylinder-Reihenmotor mit 285 PS und 320 Nm Drehmoment, und die 3er-Serie macht durch ihre Entwicklungsstufen hindurch bis heute Spaß. Dass eine Limousine diese Leistung erbrachte, trug ebenfalls zum Verkaufserfolg bei. Die E30-M-Version wurde fast 18 000 Mal verkauft, das E36-Modell mehr als 71 000 Mal, wobei allerdings mehr als die Hälfte davon noch Coupés waren.

PORSCHE
959

„Ihn perfekt zu nennen ist dezent übertrieben."

1980 ➤ 1989

In den 1980er-Jahren war der Porsche 911 ein alter, aber weiterhin achtbarer Sportwagen, und der Hersteller dachte über mögliche Nachfolger nach. Gleichzeitig erwog man den Einstieg in die Motorsport-Gruppe B, um bei Rallyes ein neues Allradantriebssystem zu testen, das die Drehmomentverteilung zwischen den vier Rädern automatisch anpasste.

Das Ergebnis war der 959, der auf dem 911 beruhte, aber mit dem Biturbomotor aus den Rennwagen 956 und 962, höhenverstellbarem Fahrwerk, aerodynamischer Karosserie aus Aluminium und Kevlar und Bodenplatte aus Nomex anstelle von Stahl ausgestattet war.

Drei Prototypen (ohne Biturbomotoren) nahmen 1984 an der Rallye Paris-Dakar durch Teile Europas und Afrikas teil; einer gewann, ein weiterer wurde Sechster, und der dritte Fünfundzwanzigster. Im folgenden Jahr (mit dem stärkeren Motor) gewann einer der Porsches die Pharaonen-Rallye, und bei der Paris-Dakar 1986 belegte ein Trio die Plätze 1, 2 und 6. Im selben Jahr startete Porsche mit einem auf dem 959 basierenden 961 bei den 24 Stunden von Le Mans, wo er den siebten Platz in der Gesamtwertung und den ersten Platz in seiner Klasse belegte (und nur hinter den reinrassigen Sportwagenprototypen von Porsche ins Ziel ging).

Als Nächstes sollten die B-Gruppen-Rallyes folgen, doch diese Kategorie wurde gestrichen. Für das Porsche-Projekt war aber noch nicht alles verloren: Erstens bewies der Allradantrieb seine Tauglichkeit für leistungsstarke Turbomotoren und wurde in allen zukünftigen 911 Turbo-Modellen eingesetzt, zweitens produzierte man den 959 nicht nur als Sportmodell für den Rennsport, sondern auch in einer

■ Obwohl der 959 auf dem 911 beruhte, bot er Allradantrieb, eine leichtere und aerodynamischere Karosserie sowie einen Biturbomotor mit 456 PS.

Komfortversion für den Straßenverkehr mit üppigerer Ausstattung, als auf der Rennstrecke erwünscht gewesen wäre. Porsche hebt hervor, der 959 sei bei seiner Vorstellung auf der Frankfurter Automobil-Ausstellung 1985 „das teuerste, technologisch fortschrittlichste und schnellste Serienfahrzeug der Welt" gewesen.

Durch seinen Biturbomotor mit 456 PS und 500 Nm Drehmoment (und 689 PS für die Rennstrecke) erreichte das Auto eine Höchstgeschwindigkeit von 317 km/h.

1987 testete *Car and Driver* den 959: „Wir bezeichnen ein Auto nicht ohne Weiteres als perfekt. Fehlende Mängel sind bei einem menschengemachten Produkt außerordentlich selten", schrieb man. „Aber wir sind gerade aus Westdeutschland zurückgekehrt, wo wir endlich die Gelegenheit hatten, einen Porsche 959 auf der Straße zu fahren, und können das Wort ‚perfekt' kaum vermeiden. „Welches Wort beschreibt ein Auto, das die Leistung eines Rennwagens

mit dem Komfort einer Luxuslimousine verbindet, das gleichermaßen souverän durch den Berufsverkehr pendelt, eine gute Figur in gehobenen Kreisen macht, verschneite Bergpässe bewältigt und Leichtflugzeuge hinter sich lässt, besser als ‚perfekt'? Der Porsche 959 erfüllt fast alle Aufgaben, die man einem Auto stellen kann, so gut, dass es dezent untertrieben ist, ihn perfekt zu nennen."

„Die Vorzüglichkeit des 959 beruht im Wesentlichen auf Leistung und Tempo. Mit seiner raketenartigen Beschleunigung und der höchsten Spitzengeschwindigkeit, die wir je gemessen haben, steht seine Performance, was Serienwagen angeht, unangefochten an der Spitze."

Allerdings fügte man hinzu: „Im Gegensatz zu den meisten Hochleistungsautos lässt sich der 959 erstaunlich leicht fahren." Der 959-Projektleiter wurde mit den Worten zitiert, Geschwindigkeit sei ohne Sicherheit und Stabilität sinnlos, wobei man anmerkte, Fahrten mit 305 km/h auf der Autobahn seien „im 959 völlig entspannt".

Das Magazin kam zu dem Schluss, der Vergleich des 959 mit einem typischen Auto entspreche dem Vergleich „eines F-15 mit einem Hängegleiter".

FERRARI F40

Der Wagen, der als Krönung des Schaffens von Il Commendatore gilt

1980 ➤ 1989

Enzo Ferrari – *Il Commendatore*, wie ihn seine britischen Rivalen nannten – starb im August 1988 mit 90 Jahren. Das letzte Modell, an dem er mitarbeitete, wurde im Jahr zuvor vorgestellt: der Ferrari F40, der seinen Namen dem 40-jährigen Bestehens der Marke als Automobilhersteller verdankt.

Wenngleich viele Ferrari-Modelle bereits exotisch und vielleicht gewagt wirkten, war der F40 geradezu frech – vom markanten Heckflügel bis zu seiner Leistung: Er war nicht nur der schnellste Ferrari aller Zeiten, sondern sogar das schnellste straßenzugelassene Serienfahrzeug überhaupt – aber auch das teuerste.

Bei der Präsentation des F40 äußerte Il Commendatore den Wunsch, mit seinem letzten Auto ein dauerhaftes Vermächtnis zu hinterlassen: „[...] dass wir ein Auto bauen, das uns an Le Mans und den GTO erinnert."

Leonardo Fioravanti, der bei Pininfarina für das Design verantwortlich war, sagte dem britischen Magazin *Classic & Sports Car:* „In den 1960ern konnten Privatleute noch Autos kaufen, die den Rennwagen sehr ähnlich waren. Mit dem F40 haben wir eine Maschine gebaut, die sich kaum um zeitgenössische Beschränkungen schert."

Der F40 war in mancher Hinsicht Ferraris Antwort auf den technologisch hochentwickelten Porsche 959. „Das Ethos des italienischen Wagens hätte nicht weiter von dem seines Rivalen aus Weissach entfernt sein können", schrieb *Classic & Sports Car.*

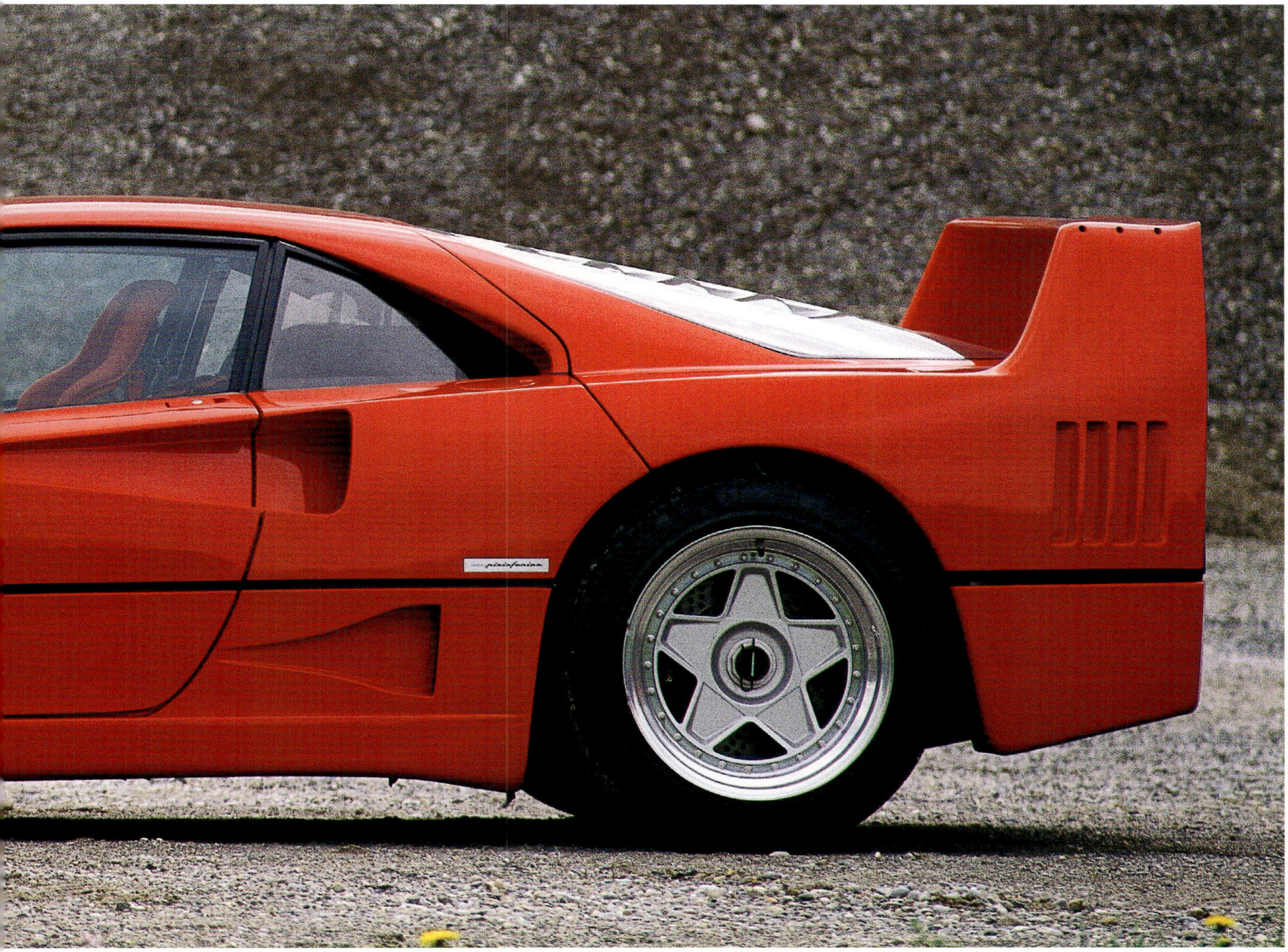

„Dieses Auto hat für uns eine besondere Bedeutung", so Fioravanti weiter. „Es gibt auf dieser Welt zu viele Computer, zu viel Technologie, und hier haben wir das Automobildesign als Emotion wiederentdeckt, genauso wie in den alten Tagen. Es ist keine Nostalgie, doch wir beweisen, dass man auch heute noch ein Auto mit einem menschlichen Denkansatz bauen kann."

Der F40 war der geistige Nachfolger des Ferrari 288 GTO, der seinerseits eine Hommage an den Gran Turismo Omologato war, den legendären Ferrari 250 GTO.

Der F40 hatte ein rennsporttypisches Rohrrahmen-Chassis und einen 3,0-Liter-V8-Biturbo-Mittelmotor mit 477 PS und 577 Nm Drehmoment. Die leichte Karosserie bestand aus Carbonfaser und Kevlar, den Motor konnte man unter einer durchsichtigen Kunststoffabdeckung sehen. Der F40 beschleunigte aus dem Stand in 3,9 Sekunden auf 100 km/h, erreichte 200 km/h in nur zwölf Sekunden und hatte eine Höchstgeschwindigkeit von 323 km/h, wobei sich die Aufhängung zur Verbesserung der Aerodynamik automatisch absenkte.

Im Sinne seines Rennsporterbes war der Innenraum spartanisch ausgestattet: minimalistische Klimaanlage, kein Radio, kein Handschuhfach, keine Teppiche, keine Innenverkleidungen an den Türen. In seinem Testbericht schrieb das amerikanische Magazin *Car and Driver* Anfang der 1990er-Jahre über den F40: „Nach zwei Tagen

Diese Seiten und unten ■ : Der V8-Motor des F40 hatte nur 3,0 Liter Hubraum, war jedoch mit zwei Turboladern bestückt und leistete beeindruckende 477 PS. Man sah ihn entweder durch eine Scheibe oder durch Anheben des gesamten Hecks.

Oben ■ Das Interieur orientierte sich klar am Rennsport: kein Radio, keine Teppiche, keine Türverkleidungen, allerdings mit einem Mindestmaß an Klimatisierung.

auf der Straße und einem Nachmittag auf der Teststrecke können wir mit Gewissheit sagen: Nichts, was wir je gefahren sind, kommt dieser Mischung aus blankem Entsetzen und purer Begeisterung ansatzweise nahe."

„In den letzten 20 Jahren haben die Wagen mit den astronomisch hohen Preisen und der atemberaubenden Beschleunigung einen bemerkenswerten Wandel durchgemacht: Sie sind völlig harmlos geworden. Beim F40 ist das anders. Er erinnert an eine Zeit, als Marken wie Ferrari, Maserati, Jaguar oder Porsche Sport- und GT-Wagen für den Straßengebrauch bauten, die sich mit minimalen Änderungen auch im Rennsport einsetzen ließen. Manche waren ursprünglich hochgezüchtete Rennwagen und ließen sich auf der Straße nur schwerlich im Zaum halten. […] Keiner von ihnen war bequem, leicht handhabbar oder zuverlässig. Was sie boten, war ungefilterte Spannung – das rohe, elementare Rennwagengefühl für die Straße. Genau so ist der F40."

Enzo Ferrari nannte den F40 sein Vermächtnis, verwurzelt im GTO und im Rennen von Le Mans.

■ Der F40 war eine moderne Interpretation klassischer Ferraris. Er setzte auf das Analoge und den emotionalen Aspekt menschlicher Kontrolle statt auf Computerisierung.

CADILLAC ALLANTÉ

Ein Auto, das buchstäblich eine Luftbrücke zwischen Italien und den USA einrichtete

1980 ➤ 1989

Zwischen Downsizing zur Optimierung des Kraftstoffverbrauchs und zunehmendem Wettbewerb im Luxussegment durch Importmarken brauchte Cadillac dringend ein neues Spitzenmodell. Dazu setzte man eines der ungewöhnlichsten (und teuersten) Fertigungsverfahren der Automobilgeschichte in Gang.

Laut Vereinbarung entwarf Pininfarina den Wagen in Italien, wo auch die Karosserien gebaut und lackiert wurden. Anschließend verlud man sie in eine speziell umgerüstete Boeing 747 und brachte sie nach Michigan, wo Motor und Innenausstattung eingebaut wurden. Auf dem Rückflug nach Italien transportierte die Boeing die über 75 von Cadillac bereitgestellten Komponenten, die man für die Karosseriemontage benötigte.

Diese rund 11 000 Kilometer lange „Luftbrücke" wurde dreimal pro Woche gebraucht, und über fünf Jahre lang pendelte der leitende Ingenieur des Projekts monatlich zwischen den USA und Italien. Der Allanté kam im Frühjahr 1987 auf den Markt. Er kostete 54 700 US-Dollar, fast 20 000 Dollar mehr als Cadillacs Top-Limousine Fleetwood.

Cadillac produzierte den Allanté bis 1993 und brachte knapp 21 500 Exemplare in Umlauf. Der ursprüngliche Motor, ein 4,1-Liter-V8 mit Frontantrieb, leistete 172 PS. 1989 wurde er durch einen größeren V8 mit 202 PS ersetzt, und ein Jahr vor Produktionsende erhielt der Allanté schließlich Cadillacs neuen Northstar-V8 mit 294 PS.

Car and Driver schrieb, dass der neue Motor den Allanté „endlich zu einem ernst zu nehmenden Auto" mache – nur wenige Monate bevor GM beschloss, dieses transatlantische Experiment und die Produktion des Wagens zu beenden.

■ Zur Fertigung des Allanté wurden Komponenten für die Karosseriemontage und Lackierung von Detroit nach Italien geflogen, ehe man das Chassis für den Einbau des Motors und der Innenausstattung nach Detroit zurückflog.

ENTRY
ONLY
Tyrepower Bunbury
Southwest
BRAKES
red line
signs
Tyrep
Bunbury

NISSAN SKYLINE GT-R

Das Muscle-Car für Millennials

Prince Motors aus Japan brachte 1956 den Skyline auf den Markt. Die eher unscheinbare Limousine war das erste japanische Auto, das man in Europa bewarb – es wurde 1957 beim Pariser Autosalon präsentiert. Als Prince 1967 in Nissan integriert wurde, produzierte der neue Eigentümer den Skyline weiter.

Ab 1969 bot Nissan drei Jahre lang eine Hochleistungsversion mit dem Namen Skyline GT-R an (GT für Gran Turismo, R für Racing).

Danach verschwand der Name für etwa 16 Jahre von der Bildfläche, bis 1989 ein neuer Skyline GT-R vorgestellt wurde. Diese Version wurde ihren Initialen mehr als gerecht: Sie gewann vier Jahre hintereinander die japanische Tourenwagenmeisterschaft – ohne ein einziges Rennen zu verlieren – und holte zusätzlich zwei Titel in der australischen Tourenwagenserie.

Das australische Automagazin *Wheels* gab dem GT-R den Spitznamen „Godzilla" und lobte ihn als „das Auto mit dem besten Handling, das wir je gefahren sind".

Obwohl der GT-R weder in den USA noch in Europa offiziell verkauft wurde, erlangte er durch Videospielreihen wie „Gran Turismo" oder die Filmreihe „Fast & Furious" große Popularität. Diese wuchs zudem mit dem Aufstieg des Driftens – eines Motorsportwettbewerbs, bei dem Fahrzeugbeherrschung bei hohem Tempo im direkten Duell im Mittelpunkt steht. Er stammt aus Japan, erfreut sich aber auch international großer Beliebtheit, vor allem bei Millennials.

2016 feierte Nissan den neusten GT-R und das Erbe des Modells mit einer Ausstellung historischer GT-R-Versionen bei der New York Auto Show. *Car and Driver* bemerkte, dass diese Präsentation „viele der Fahrzeugpremieren anderer Hersteller auf der Messe in den Schatten stellte".

■ Während er anfangs nur in seiner Heimat Japan verkauft wurde, machten Videospiele und Filme den Godzilla weltweit bekannt.

MAZDA
MX-5

Entwickelt in Amerika, gebaut in Japan – die Wiedergeburt und Modernisierung eines britischen Roadsters

■ Mazdas Miata war so beliebt, dass Hersteller auf der ganzen Welt mit eigenen Roadster-Zweisitzern reagierten.

1980 ➤ 1989

Amerikanische GIs brachten aus ihrer Zeit in Europa während und unmittelbar nach dem Zweiten Weltkrieg viele Dinge mit in die Heimat. Darunter befanden sich auch kleine, wendige Zweisitzer-Sportwagen mit Stoffverdeck. Am beliebtesten waren Modelle aus England.

Springen wir ins Jahr 1989, als der britische Roadster eine Renaissance erlebte. Allerdings kam er nicht mehr aus England, sondern aus Japan. Dort kannte man ihn als Eunos Roadster, doch seine Premiere bei der Chicago Auto Show 1989 feierte er unter dem Namen Mazda MX-5, versehen mit einem Emblem, das ihn als Miata auswies – ein althochdeutsches Wort, das „Belohnung" bedeutet.

Und tatsächlich: Der MX-5 sollte sich als echte Belohnung für seine Besitzer erweisen; nicht nur für diejenigen, die zuvor mit leckenden, eigenwilligen britischen Roadstern gehadert hatten und nun eine zeitgemäße Version mit moderner Technik und zuverlässiger Verarbeitungsqualität erhielten, sondern auch für eine neue Generation, die sich zum ersten Mal am Fahren eines Sportcabriolets erfreute.

Dieses Erlebnis wurde bald so beliebt, dass andere Automobilhersteller nachzogen, darunter Porsche (Boxster), BMW (Z3), Honda (S2000), Mercedes-Benz (SLK), Saturn (Sky), Pontiac (Solstice) und Audi (TT).

Obwohl der Miata ein japanisches Auto ist, liegen seine Wurzeln in den USA. Anfang der 1980er-Jahre startete Mazda die LWS-Studie (leichtgewichtige Sportwagen) und beauftragte zwei Entwicklerteams in Japan sowie eines im kalifornischen Mazda-Büro. Die eigentliche Idee stammte aber nicht aus der Firma selbst, sondern von dem amerikanischen Autojournalisten Bob Hall, der als Austauschstudent in Japan gelebt hatte und als Kind oft in den britischen Sportwagen seines Vaters mitgefahren war. Er erklärte Mazda, es sei an der Zeit, diese Fahrzeuggattung wiederzubeleben.

1980 ➤ 1989

LAMBORGHINI LM002

„Das Herz eines Countach, die Eigenschaften eines Humvee, und exotischer als beide"

Sie fragen sich womöglich: Was hat ein Sport Utility Vehicle in einem Buch voller exotischer Sportwagen und Hochleistungs-Limousinen verloren? Wir wissen natürlich, dass SUVs und ähnliche Fahrzeugtypen heute allgegenwärtig auf Straßen und im Gelände sind, doch kann man wirklich eines von ihnen als neuen Klassiker bezeichnen?

Falls ein Auto diese Bezeichnung verdient, dann der Lamborghini LM002, der vielleicht besser unter seinem Spitznamen bekannt ist: „Rambo Lambo", inspiriert von der „Rambo"-Filmreihe mit Sylvester Stallone als missverstandenem Vietnamkriegsveteran, der gegen Korruption und Drogenkartelle kämpft.

Übrigens kaufte Stallone tatsächlich einen LM002 (manche nannten den exotischen SUV auch „La Moo Too"), ebenso Tina Turner, Malcolm Forbes, Keke Rosberg und sogar Muammar al-Gaddafi – um nur einige bekannte Namen zu nennen. Der ehemalige American-Football-Star und TV-Moderator Michael Strahan besaß gleich drei dieser extravaganten Lamborghini-SUVs. Einer davon wurde bei der New York Auto Show 2024 ausgestellt.

Der LM002 hat wie Rambo militärische Wurzeln: Bereits 1977 suchte die US-Armee einen zeitgemäßen Ersatz für ihren betagten Jeep aus dem Zweiten Weltkrieg, dessen Name sich möglicherweise auf die Abkürzung GP für „general purpose" (Allzweck) zurückführen lässt.

Einer der Bewerber war das US-Unternehmen Mobile Technology International, das sich für die Fertigung mit dem italienischen Sportwagenhersteller (der ursprünglich Traktoren baute) Lamborghini zusammentat. Heraus kam der Geländewagen Cheetah mit Chrysler-V8-Mittelmotor.

Den Auftrag der Armee bekam letztlich AM General mit dem Humvee. Lamborghini blieb jedoch am

■ Die Wurzeln des „Rambo Lambo" lagen in der Suche der US-Armee nach einem zeitgemäßen Ersatz für ihren betagten Jeep.

Ball und entwickelte einen neuen Prototypen: den LM001, diesmal mit AMC-V8-Heckmotor. Weder Mittel- noch Heckmotoren schlagen sich abseits befestigter Straßen besonders gut, also präsentierte Lamborghini beim Genfer Autosalon 1982 den LM002, einen wuchtigen SUV mit dem V12 – diesmal als Frontmotor – aus ihrem eigenen Countach.

Obwohl militärische Großaufträge ausblieben, ließ sich Lamborghini nicht beirren: Der LM002 wurde überarbeitet und 1986 beim Brüsseler Autosalon als Zivilmodell gezeigt. Nur 301 Exemplare entstanden in sieben Jahren, doch sie hinterließen definitiv bleibenden Eindruck.

Wie forbes.com berichtete, „hatte Lamborghini mit dem LM002 ein wildes PR-Aushängeschild entwickelt. Er besaß das Herz eines Countach, die Eigenschaften eines Humvee, und war exotischer als beide."

Der Countach-Motor leistete bis zu 709 PS, und der Druck der speziellen Pirelli-Scorpion-Reifen ließ sich über Bordtechnik erhöhen oder verringern – wobei sie sogar angeblich das Überrollen von Betonbarrieren bei 100 km/h unbeschadet überstanden, während Fahrer und Insassen behaglich klimatisiert in einem lederverkleideten Luxus-Interieur saßen.

1987 schrieb *Car and Driver* begeistert: „Lassen Sie uns Ihnen ein Fahrzeug vorstellen, das so schlecht zu den schicken Boutique-Geländespielzeugen passt wie die L.A. Raiders zum Joffrey Ballett: die Mad-Max-Maschine, die ein Pendant zu einem Tiger-Panzer für die Straße sein könnte, der Lamborghini LM002. [...] Wir sind selten mit einem Wagen gefahren, der solches Aufsehen erregt, so viel Verwirrung gestiftet, so viele Passanten verstört oder einfach so irrsinnig großen Spaß gemacht hat wie der Rambo Lambo."

■ Selten (nur 301 Stück wurden produziert) und von außen aggressiv, aber innen luxuriös – der LM002 gefiel Hollywood-Entertainern, Sportstars und sogar dem einen oder anderen Diktator.

90ER

*Zurückschauen
und den Weg in die
Zukunft finden*

Die 1990er-Jahre waren eine Zeit des Aufruhrs und der Technologie. Sie begannen mit dem Golfkrieg, als der Irak in Kuwait einmarschierte, und endeten mit der Unsicherheit und Aufregung um Y2K.

Dazwischen erlebte die Welt die Wiedervereinigung Deutschlands, die Auflösung der Sowjetunion, das Wiederaufflammen ethnischer Konflikte in Jugoslawien, Ruanda und anderen Regionen – andererseits wurde Nelson Mandela, einst Anti-Apartheid-Aktivist und politischer Gefangener, aus dem Gefängnis entlassen und zum Präsidenten Südafrikas gewählt.

Das Humangenomprojekt wurde gestartet, das Schaf Dolly geklont. Mit dem Eurotunnel entstand eine Untersee-Bahnverbindung zwischen Frankreich und England. Globalisierung wurde ein Leitthema für Unternehmen, die zudem IT-Abteilungen gründeten und begannen, auf ihren CO_2-Fußabdruck zu achten.

Wir bekamen Kabelfernsehen, das Internet, das World Wide Web (mit zahllosen Webseiten) und Personal Computer. Wir schauten einen Spielfilm über die Titanic oder einen Animationsfilm über Spielzeug. Unsere musikalischen Vorlieben wurden vielfältiger: Grunge, Gangsta-Rap, elektronische Tanzmusik, Country & Western und sogar The Wiggles.

Wikipedia widmet ein gesondertes Kapitel seines 1990er-Eintrags den Automobilen, wobei der Marktanteilsverlust von General Motors, finanzielle Probleme bei Chrysler, die zunehmend gleichförmigen Designs vieler Autos, die Beliebtheit von SUVs und der anhaltende Erfolg japanischer Hersteller einschließlich neuer Luxusmarken wie Lexus und Infiniti betont werden.

Wie schon im letzten Kapitel erwähnt, stellt die Historikerin und Professorin Penny Sparke in ihrem Buch *A Century of Car Design* fest, dass der Fahrzeugsektor in den 1980ern von finanziellen Problemen ausgenommen war, „doch als sie ihn in den 1990ern trafen, waren die Folgen dramatisch".

Sie führte weiter aus: „Japan war in den 1990ern verantwortlich für neue Impulse im Automobildesign. Die Hersteller und Designer erreichten dies auf zweierlei Art: erstens durch das Konzept ‚Retro', das der zeitgenössischen Automobilkultur durch einen Rückgriff auf deren Blütezeit neues Leben einhauchte, zweitens durch die Einsicht, dass sich der Markt in etliche Segmente aufgeteilt hatte – genauso wie es viele Lebensstile gab, denen Autos nun gerecht werden mussten – und die Zeit des unterschiedslosen Fahrzeugs vorbei war."

Japanische Hersteller entwickelten neue Typen, die etwa auf Frauen oder jüngere Käufergruppen abzielten, was europäische und US-amerikanische Marken später aufgriffen.

„Man erkannte, dass das Auto kein Symbol der Moderne mehr war, sondern vielmehr ein Lifestyle-Accessoire, und gab Designern neue kreative Freiheiten, die sie bald ausschöpften."

Gleichzeitig wurde den Ingenieuren klar, dass man die zur Einhaltung staatlicher Vorgaben für die Emissionsreduzierung und Kraftstoffeinsparung benötigte Software auch nutzen konnte, um mehr Leistung ohne zusätzliche Umweltbelastung zu generieren.

Im folgenden Kapitel finden Sie alles von flotten Zweisitzern über komfortable Viertürer-Limousinen bis zu exotischen Supersportwagen, die nicht beliebig austauschbar aussehen, sondern Charakter haben, Fahrvergnügen, Sicherheit und Umweltbewusstsein vereinten – neue Klassiker im wahrsten Sinn des Wortes.

HONDA/ACURA NSX

Ein ausgefallener, aber praktischer (und erschwinglicher) Sportwagen aus Japan

Soichiro Honda war ein Teenager, als er in einer japanischen Autowerkstatt arbeitete und von seinem Chef nahegelegt bekam, ein Rennauto zu bauen, was er dann auch tat. Er nahm bis Mitte der 1930er-Jahre recht erfolgreich an Rennen teil, bis er sich bei einem Unfall sein linkes Auge schwer verletzte.

Ein Jahr später begann Honda mit der Herstellung von Kolbenringen für Autos und Flugzeuge. Seine Fabrik wurde im Zweiten Weltkrieg zerstört, doch er kaufte 500 kleine Generatoren aus Militärbeständen, mit denen er Fahrräder motorisierte. Das führte schließlich zur Produktion ganzer Motorräder.

Um seine Produkte zu bewerben und seine Angestellten zu motivieren, meldete Honda seine Maschinen für wichtige Rennen an, wobei er 1959 die prestigeträchtige Isle of Man TT sowie 1961 die Weltmeisterschaft in den Klassen 125 cm^3 und 250 cm^3 gewann.

■ Automagazine lobten den NSX nicht nur für seine dynamische Leistung, sondern auch für seine Alltagstauglichkeit, seinen komfortablen Innenraum und die Zweckmäßigkeit seines V6-Motors.

■ Das endgültige Design entstand bei Honda selbst, war aber von einem früheren Concept „Show“ Car von Pininfarina inspiriert.

1962 war Honda der weltgrößte Motorradhersteller und begann mit der Automobilproduktion. Die Firma stieg 1964 in die Formel 1 ein und holte schon im Folgejahr ihren ersten Sieg, als ihr RA272 beim Großen Preis von Mexiko gewann. Honda zog sich nach der Saison 1968 zunächst zurück, kehrte aber 1983 als Motorenlieferant zurück und verhalf Nelson Piquet, Ayrton Senna und Alain Prost zwischen 1987 und 1991 zu Weltmeistertiteln.

Um nicht nur im Rennsport, sondern auch im Straßenverkehr mit Marken wie Ferrari mithalten zu können, entwickelte Honda zusammen mit dem italienischen Designstudio Pininfarina das Konzeptfahrzeug HP-X (Honda Pininfarina eXperimental), einen keilförmigen Sportwagen mit 2,0-Liter-V6-Mittelmotor von Honda.

Nach einer Überarbeitung durch Hondas eigenes Designteam, dem Einbau eines Honda-3,0-Liter-V6 und Entwicklungsanregungen von Formel-1-Weltmeister Ayrton Senna wurde aus dem HP-X der NSX (New Sportscar eXperimental), den man 1989 bei der Chicago Auto Show präsentierte und 1990 einführte, auf manchen Märkten mit dem Honda-Logo, auf anderen unter Hondas Luxusmarke Acura.

Die Testfahrer von *Car and Driver* urteilten 1994 einhellig: „Der NSX ist unsere erste Wahl, was reinen Fahrspaß angeht. Während wir jedoch sein Fahrverhalten und die konsequente Aluminiumkonstruktion bewundern, die eine leichtfüßige Beschleunigung ermöglicht, bleibt der NSX weithin missverstanden, denn seine Begehrtheit und sein Ansehen stehen in keinem Verhältnis zu der Freude, die er bereitet.“ Warum? Weil andere Exoten zwar bessere Testergebnisse erzielten, doch, wie das Magazin fortfuhr, „sagen Messwerte nichts über die tatsächliche Alltagstauglichkeit aus.

Exoten sind bekanntermaßen schwer zu fahren und erbringen im Straßenverkehr meist eine deutlich geringere Leistung als auf der Rennstrecke. Das gilt jedoch nicht für den NSX: Dieses Fahrzeug ist so ehrlich und vorhersehbar im Handling, dass sich ein Großteil seiner Leistung auch auf der Straße abrufen lässt. Im normalen Alltag setzt der NSX auf seine unaufgeregte Art Maßstäbe. [...] Stellen Sie sich einen Mittelmotor-Sportwagen vor, bei dem jedes ergonomische Detail so durchdacht ist wie in einem Accord (Hondas Standard-Familienlimousine). So etwas hat es schlicht noch nie gegeben. Der NSX setzt dort an. Und dann noch eins drauf." Das Magazin nannte den NSX einen F-16-Jet für die Straße statt für den Himmel und fügte hinzu: „Er ist der präziseste und ausgewogenste Mittelmotorwagen, den wir je gefahren sind."

Das erste NSX-Modell wurde bis 2005 gebaut. Honda kündigte zwei Jahre später den ASCC (Advanced Sports Car Concept) mit V10 an, stellte dann aber 2012 bei der North American International Auto Show in Detroit einen neuen NSX als Hybridauto vor, das in Hondas US-Werk in Ohio gefertigt wurde.

Formel-1-Weltmeister Ayrton Senna übernahm einen Großteil der Testfahrten während der Entwicklung des NSX.

1990 ➤ 1999

CHEVROLET CORVETTE ZR-1

Ein veritabler Platzhirsch mit sagenhaften PS- und Drehmoment-Werten

„Der ZR-1 zeigt, dass wir heute Dinge umsetzen können, die sich vor zehn oder zwanzig Jahren niemand hätte träumen lassen", sagte Dave McLellan, Chefingenieur der Chevrolet Corvette, dem Magazin *Car and Driver* im Sommer 1989. „Wir haben ein spektakuläres Leistungsniveau erreicht und erfüllen oder übertreffen trotzdem alle staatlichen Vorgaben zu Verbrauch, Sicherheit, Lärmentwicklung, Emissionen und so weiter."

Seit Ende der 1960er-Jahre hatten Sorgen um Abgase, Kraftstoffeffizienz und Fahrzeugsicherheit die Regierungen veranlasst, neue Rahmenbedingungen für die Produkte von Autoherstellern festzulegen und eingebaute Computerkontrollsysteme vorzuschreiben, die sicherstellten, dass die verschiedenen Vorgaben eingehalten wurden.

Es dauerte eine Weile, doch schließlich gelang es Ingenieuren, Autos nicht nur effizienter zu machen, sondern mithilfe von Software auch leistungsstärker, ohne die Grenzwerte für Abgase und Kraftstoffverbrauch zu überschreiten.

Ein Paradebeispiel dafür war die Einführung des Chevrolet Corvette ZR-1 – des sogenannten King of the Hill – für das Modelljahr 1990.

Car and Driver erklärte: „Der neue ZR-1 bietet selbst dem besten Fahrer der Welt alle geballte Kraft, die er sich nur wünschen kann, doch dank seines Charakters und Verhaltens sind auch Fahrer unterhalb des Weltklasseniveaus – wozu unserer Beobachtung nach viele Besitzer hochleistungsfähiger Autos zählen – bemerkenswert gut vor sich selbst geschützt."

Um seine technische Kompetenz unter Beweis zu stellen, verfolgte General Motors das Ziel, den schnellsten Serienwagen der Welt zu bauen, den neuen Platzhirsch. GM hatte 1983 die vierte Gene-

■ Der ZR-1 war mehr als nur eine weitere Variante der C4 Corvette – er war eine echte Transformation.

ration ihrer Corvette auf den Markt gebracht und drei Jahre später den britischen Autospezialisten Lotus übernommen. Der 5,7-Liter-V8 in der serienmäßigen C4 Corvette leistete 248 PS, doch das transatlantische Gemeinschaftsprojekt, an dem auch der US-Rennbootmotorenhersteller Mercury Marine beteiligt war, entwickelte den LT5: einen 5,7-Liter-V8 mit 375 PS und über 500 Nm Drehmoment.

Der ZR-1 durchlief verschiedene Modifikationen gegenüber dem Standard-C4, um diese Leistung unter Kontrolle zu halten, darunter eine anpassungsfähige Aufhängung und breitere Reifen. Chevrolet unterzog den ZR-1 einer Reihe von Hochgeschwindigkeitstests, bei denen mehrere FIA-zertifizierte Rekorde aufgestellt wurden, etwa eine 24-Stunden-Fahrt über 6796 Kilometer bei einem Durchschnittstempo von mehr als 283 km/h.

■ Mithilfe von Lotus und Mercury Marine gelang es Chevrolets Ingenieuren, effizient und emissionsarm mehr Leistung herauszuholen.

Der ZR-1 machte Amerikas Volkssportwagen erstmals zu einem konstruktionstechnischen Erfolg von Weltformat.

Zum Modelljahr 1993 wurde der LT5 überarbeitet, sodass er 410 PS und 522 Nm Drehmoment leistete. „General Motors setzten in den 1980ern auf Elektronik und moderne Technologie, um die Energiekrise, leistungshemmende Emissionsvorschriften und die japanische Konkurrenz hinter sich zu lassen", berichtete *Motor Trend*. „Die Ingenieure des Chevrolet Corvette erhielten eine simple wie ambitionierte Aufgabe: das leistungsstärkste Serienfahrzeug der Welt zu bauen. Sie schufen den 1990er Chevrolet Corvette ZR-1, ein unheimlich kraftvolles und pfeilschnelles Auto, das es mit exotischen Supersportwagen aufnehmen konnte, die teils Zehntausende Dollar mehr kosteten. […] Der ZR-1 machte Amerikas Volkssportwagen erstmals zu einem konstruktionstechnischen Erfolg von Weltformat."

Selbst das britische Magazin *Top Gear* erinnerte sich an jene Zeit, „als der C4 ZR-1 einen V8 hatte, der vermutlich besser war als ein Ferrari-V12".

ZR1 (oder je nach Modellgeneration ZR-1) steht seitdem für die höchste Leistungsstufe, was amerikanische „Volkssportwagen" betrifft. ZR1 war in den frühen 1970ern zunächst ein Leistungspaket für die C3 Corvette. Die jüngste Inkarnation ist die ZR1-Version der 2025er C8 Corvette mit Mittelmotor.

MERCEDES-BENZ 500E

Das Typenkennzeichen sagte Mercedes, doch die Fahrdynamik stammte von Porsche.

Der Autor weiß noch, dass die jährliche Technikpräsentation von Mercedes-Benz für angereiste Automobiljournalisten auch einen Abstecher zu einem Lauf der Deutschen Tourenwagen-Meisterschaft (DTM) umfasste. Daher schickte *AutoWeek* seinen Motorsportredakteur (den Autor) hin.

Eines Nachmittags während des mehrtägigen Events zeigte man uns eine Reihe von Autos, die Mercedes im darauffolgenden Jahr einführen wollte. Dabei nahm mich der für die USA zuständige PR-Manager der Firma zur Seite und erklärte, er habe dafür gesorgt, dass ich die Limousine am hinteren Ende der Wagenreihe fahren durfte, und zwar im vorletzten Turnus.

Er wies mich darauf hin, dass ein Streckenposten an einer Stelle per Flagge signalisieren würde, die Fahrbahn zu verlassen und zum Parkbereich zurückzukehren. Ich sollte diese Anweisung ignorieren und weiterfahren, aber versuchen, den Wagen rechtzeitig zum Ende des letzten Turnus zurückzubringen.

Ich werde nie den Blick dieses Streckenpostens vergessen, als ich mit wahrscheinlich 210 km/h an ihm vorbeischoss.

Ach ja, es gab noch etwas, das mir der PR-Manager erzählte oder, besser gesagt: nicht erzählen konnte. Er durfte mir nämlich nichts über diese Limousine verraten – zumindest noch nicht –, doch meine Erfahrung damit sei wichtig für die autobegeisterte Leserschaft unseres Magazins.

Wie sich herausstellte, handelte es sich bei dem Wagen um den Prototyp des Mercedes-Benz 500E, der 1991 als Höchstleistungsmodell der Oberklasselimousine W124 auf den Markt kommen sollte, ein Gemeinschaftsprojekt mit dem deutschen Sportwagenhersteller Porsche (von 1993 bis 1995 wurde das Modell als E 500 vermarktet).

■ Da die Mercedes-Ingenieure zu jener Zeit mit der Entwicklung der nächsten S-Klasse-Limousinen beschäftigt waren, wurde Porsche beauftragt, eine Höchstleistungsversion der E-Klasse zu konzipieren.

Da es sich um einen Prototyp des späteren Serienfahrzeugs handelte, hatte das Auto eine manuelle Schaltung statt eines Automatikgetriebes und eine Aufhängung, die sich automatisch absenkte, je schneller man fuhr. Mit einem 5,0-Liter-V8-Motor, der mehr als 304 PS und nahezu 500 Nm Drehmoment leistete, brachte es diese Limousine auf über 250 km/h.

Porsche entwickelte nicht nur den 500E, wobei man in vielerlei Hinsicht die E-Klasse-Limousine der Baureihe 124 ummodelte, um Platz für den größeren Motor, eine breitere Hinterachse, breitere Räder, größere Bremsen usw. zu schaffen, sondern baute den Wagen auch in einem Porsche-eigenen Werk.

Der 500E sah also auf den ersten Blick aus wie eine gewöhnliche Mercedes-E-Klasse-Limousine, fuhr sich aber wie ein Porsche-Sportwagen. Wie einer unserer altgedienten Fahrzeugprüfer in unserem offiziellen Testbericht formulierte: „Der 500E ist beileibe keine wilde Heckschleuder. Er verkörpert Geschmeidigkeit, Verlässlichkeit und Vielseitigkeit. Man wird vermutlich nicht schnell aussehen, wenn man ihn fährt [...] doch er ist schnell, noch dazu leichtgängig und sicher. [...] Der 500E sucht seinesgleichen. Vielleicht ist er nicht das beste Auto der Welt, aber womöglich der beste Kompromiss aus Nutzwert, Komfort, Sicherheit und begeisternder Leistung."

Car and Driver lobte, wie der 500 E „kurvige Landstraßen bewältigt wie ein halb so großes Auto". Und obwohl „er so ausgewogen und geschmackvoll ist wie jeder andere Benz [...] fährt er sich auch langsam verdammt gut. [...] Er zeigt sich erst als Supersportwagen, wenn man ihn seine Muskeln spielen lässt."

Mehr als ein Vierteljahrhundert später beschreibt Mercedes-Benz den 500E als „einen der begehrtesten Youngtimer überhaupt".

Porsche wiederum erinnert auf seiner Webseite daran, dass der 500E „den Komfort einer Reiselimousine mit der Performance eines Sportwagens" verband.

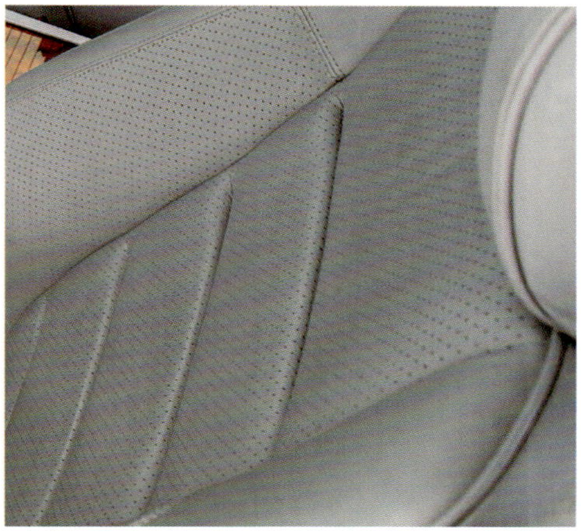

■ Wolf im Schafspelz: Die von Porsche entwickelte dynamische Leistung des 500E stand im Gegensatz zu seiner kaum veränderten äußerlichen und inneren Aufmachung.

LAMBORGHINI DIABLO

Ein Allradantrieb hilft, diesen wütenden Stier zu bändigen.

Im Jahr 2023 gab der Oldtimer-Versicherer und Marktwertanalyst Hagerty eine Artikelreihe zum 60-jährigen Jubiläum von Lamborghini in Auftrag. Sie trug den Titel „Lamborghini Legends", und eine ihrer Überschriften stellte rundheraus klar: „Der Diablo 6.0 VT ist der beste je gebaute Lamborghini."

Der 1990 vorgestellte Diablo (der Name bedeutet auf Spanisch „Teufel", womit Lamborghini der Tradition folgte, seine Modelle nach berühmten spanischen Kampfstieren zu benennen) wurde als Nachfolger des legendären Countach entwickelt, war also auch ein Nachfolger des ursprünglichen „Supercar" Miura.

Wie Miura und Countach wurde der Diablo anfangs von dem italienischen Designstar Marcello Gandini entworfen, der erst 25 Jahre alt war, als er den Miura im Auftrag von Ferruccio Lamborghini konzipierte.

Die Firma wechselte in den 1970er- und 1980er-Jahren mehrmals den Besitzer. Als der Diablo in Auftrag gegeben wurde, befand Lamborghini sich im Besitz zweier wohlhabender Schweizer Brüder, doch 1987 gehörte der Sportwagenhersteller zur Chrysler Corporation (die ihn wiederum 1994 verkaufte; letztlich wurde Lamborghini Teil der Volkswagen-Gruppe).

Nach der Übernahme durch Chrysler wurde der Diablo intern unter der Leitung von Designchef Tom Gale umgestaltet. (Luc Donckerwolke, der in einem firmeneigenen Designstudio vor Ort bei Lamborghini arbeitete, zeichnete unter anderem für den Diablo 6.0 VT sowie den Murciélago verantwortlich, der den Diablo später ablöste.)

Der Diablo erreichte als erster Lamborghini Geschwindigkeiten von über 322 km/h und war

■ Spezielle Scharniere ermöglichten das Öffnen der Türen nach oben.

1990 ➤ 1999

Lamborghini entwickelte den ersten Supersportwagen, den Miura, dem der Countach und dann der Diablo folgte, der das Konzept in die automobiltechnische Neuzeit brachte.

■ Chrysler hatte Lamborghini übernommen und änderte das Außendesign des Diablo.

1993 auch der erste mit Allradantrieb. Das Kürzel VT steht dabei für Viscous Traction. Interessanterweise beruhte das Allradsystem des Diablo auf einer modifizierten Version der Technik, die ursprünglich für den Lamborghini-SUV LM002 entwickelt wurde.

Wie Gandinis frühere Supersportwagen war der Diablo ein Mittelmotorauto und hatte den Vorteil eines 5,7-Liter-V12 mit 491 PS. Überdies bot er Komfortfeatures wie verstellbare Sitze und Lenksäule, elektrische Fensterheber, ein modernes Audiosystem und ab 1993 Servolenkung.

Lamborghini stellte beim Genfer Autosalon 1992 eine Cabrio-Version des Diablo vor. Das Konzeptfahrzeug verfügte über die Scherentüren, obwohl das Fahrzeug kein festes Metalldach hatte.

Eine deutsche Spezialfirma erhielt die Lizenz, Cabrio-Umbauten für Kunden durchzuführen, bis Lamborghini 1995 den Roadster Diablo VT vorstellte.

1998 wurde unter Volkswagen als Eigentümer und der Leitung der VW-Tochter Audi der Diablo VT 6.0 auf den Markt gebracht. Der Wagen erhielt ein neues Design, und der Motor wurde auf 6,0 Liter vergrößert, wodurch er nun 556 PS leistete.

Wie die Hagerty-Webseite feststellte: „Als er 1990 auf den Markt kam, war der Diablo fast so puristisch wie der Countach, den er ablöste. Es gab beispielsweise keine Servolenkung, und der 5,7-Liter-V12-Motor trieb die Hinterräder ohne jegliche Fahrhilfen an. Am Ende seiner Laufbahn, als Audi Lamborghini leitete, hatte sich der Diablo jedoch zu einem zahmeren, aber nicht weniger atemberaubenden Supersportwagen gewandelt."

Das Magazin *Car and Driver* stimmte in seinem damaligen Testbericht zu, bezeichnete den 1994er Diablo VT als „gezähmten Stier" und hob hervor, dass „ihm der Allradantrieb die Bodenhaftung verleiht, die seinem wilden V12-Motor gerecht wird".

Ein teuflisches Vergnügen: Diablo bedeutet auf Spanisch Teufel.

Unten ■ Der Wagen wurde dank Allradantrieb nicht nur leichter beherrschbar, sondern bot auch ein überraschend hohes Maß an Annehmlichkeiten.
Gegenüber ■ Mit seinem V12-Motor war der Diablo der erste Lamborghini-Sportwagen, der schneller als 320 km/h fahren konnte.

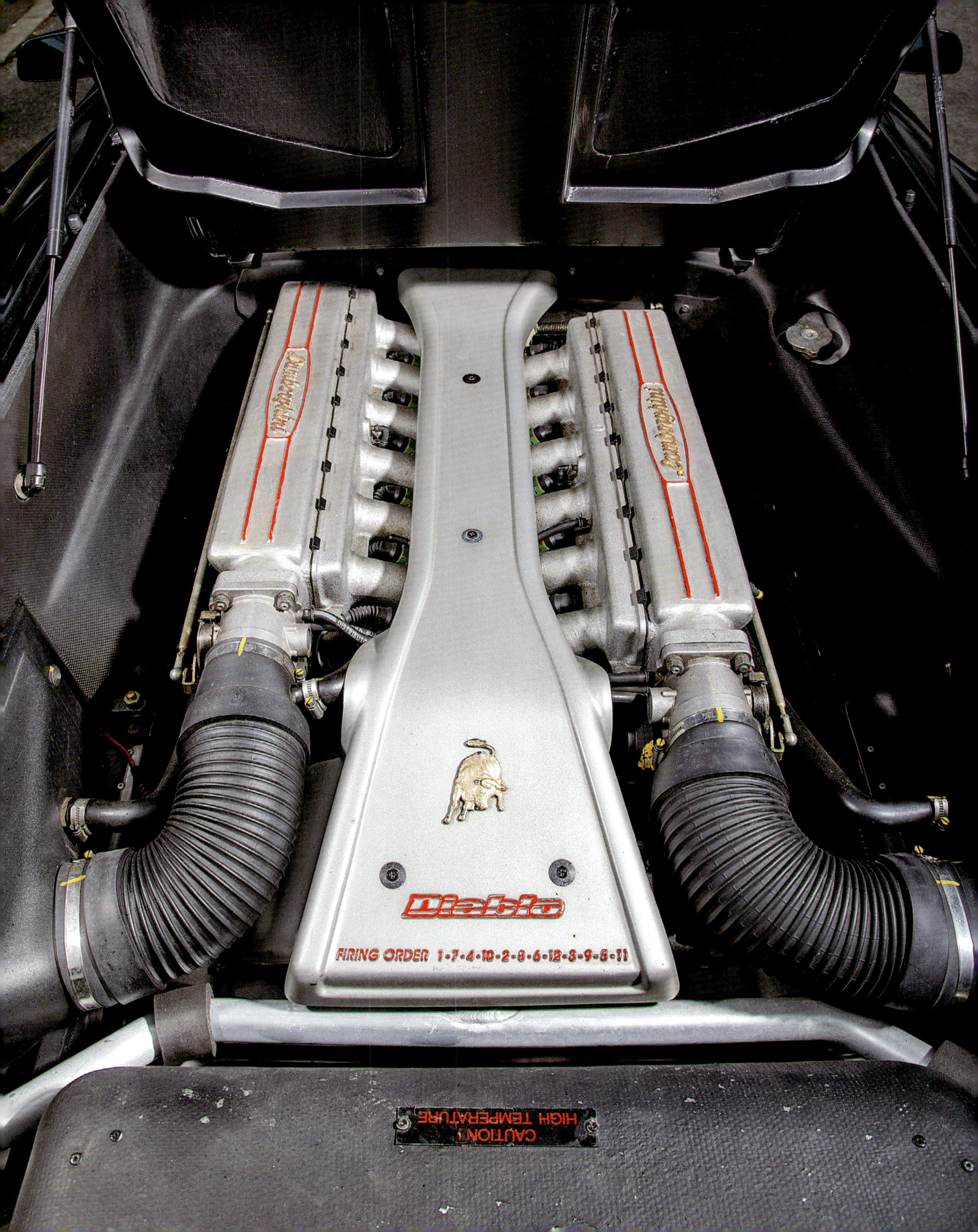
Diablo
FIRING ORDER 1-7-4-10-2-8-6-12-3-9-5-11
CAUTION ! HIGH TEMPERATURE

DODGE VIPER RT/10

Das wahnwitzige Ergebnis des Versuchs, einen modernen Shelby Cobra zu bauen

Gäbe es ein Wörterbuch mit Fotos von Autos zur Veranschaulichung von Begriffen, wäre der Dodge Viper ein idealer Kandidat für den Eintrag zu verwegen – einem Wort, das mit Formulierungen wie „frech", „unerschrocken", „schamlos", „leichtsinnig", „risikofreudig" oder gar „unverschämt" umschrieben wird.

Die offene Roadster-Karosserie mit seitlich austretenden Auspuffrohren wirkte wie aus Pixars Animationsfilm „Cars", obwohl es noch fast ein Jahrzehnt dauern sollte, bis wir Figuren wie Lightning McQueen kennenlernten.

Noch abenteuerlicher war der Motor: ein modifizierter V10 von Chrysler für LKWs, überarbeitet von niemand Geringerem als Lamborghini, dem italienischen Hersteller außergewöhnlicher Sportwagen, den das Detroiter Unternehmen übernommen hatte.

Die Entwicklung des Viper geht auf eine Unterhaltung zurück, die Carroll Shelby – Le-Mans-Sieger und

Diese Seite ■ Shelby baute einst seinen Cobra und half Jahrzehnte später Chrysler bei der Entwicklung des Viper.
Gegenüber ■ Ursprünglich war er nur als Roadster erhältlich, doch 1996 kam die GTS-Coupé-Version hinzu, teils weil man im Motorsport mitmischen wollte.

Schöpfer des Cobra-Sportwagens, der sich zuvor mit seinen alten Weggefährten bei Ford überworfen hatte – 1988 mit Bob Lutz führte, einem ehemaligen Kampfpiloten der US-Marines sowie ehemaligem BMW- und Ford-Manager, der gerade zum Präsidenten der Chrysler Corporation aufgestiegen war.

Während ihres Austauschs kamen sie auf einen neuen Sportwagen nach Art des Cobra zu sprechen, dar guten, alten amerikanischen Fahrspaß mit einem Gefühl von Freiheit und Leistung zum Anfassen statt softwaregestützter Computerzauberei bieten sollte.

Lutz holte Chrysler-Technikchef François Castaing hinzu, der im Motorsport gearbeitet hatte, etwa in der Formel 1 oder bei den 24 Stunden von Le Mans, und sein Team entwickelte einen neuen Zehnzylindermotor für den Schwereinsatz.

Unterdessen entwarf Chrysler-Designchef Tom Gale mit seinem Team ein neues, aggressiveres Gesicht für die Dodge-Modelle. Dieses Gesicht mit dem markanten Kreuz wurde im Januar 1989 an einem wuchtigen, knallroten Sportwagen vorgestellt: dem Dodge Viper VM/01, angeblich nur ein Konzeptauto, das ursprünglich nicht in Serie gehen sollte.

Chrysler präsentierte aber nur drei Jahre später bei der Detroit Motorshow den serienreifen Viper RT/10, der wenige Monate darauf beim 75-jährigen Jubiläum des Indianapolis 500 als Safety Car diente – und zwar mit dem 68-jährigen Shelby selbst am Steuer, obwohl er sich erst ein paar Monate zuvor einer Herztransplantation unterzogen hatte!

Das Herz des Viper war sein 8,0-Liter-V10-Motor mit 405 PS und 610 Nm Drehmoment. Eine manuelle Sechsgang-Schaltung übertrug diese Leistung auf gewaltige 33 cm breite Hinterräder.

Der Viper hatte einen Zentralrohrrahmen und eine Karosserie aus faserverstärktem Verbundmaterial. An der Türen fehlten herkömmliche Scheiben und äußere Griffe. Man entriegelte sie von innen, und statt Glas kam wie bei den frühesten Sportwagen Vinyl zum Einsatz, ein Regenverdeck aus Segeltuch ließ sich bei Bedarf über die beiden Sitze spannen. Eine geschlossene Coupé-Version, der GTS, folgte 1996.

Wie fuhr sich dieser Retro-Roadster? 1992 schrieb *Car and Driver:* „Wenn der Wind Ihnen einen neuen Scheitel zieht und der Motor laut röhrt, wird Ihnen völlig egal sein, dass es weder Fenster noch Türgriffe gibt. Denn dieser Viper ist eines der aufregendsten Fahrzeuge, seit Ben Hur den Streitwagen entdeckte."

„Genau das macht den Viper aus", so das Magazin weiter. „Er soll schnell fahren und bremsen, wie ein Brett in der Kurve liegen und jedem – Fahrer, Beifahrer und Betrachter – einen Kick verpassen, der ihnen den Tag versüßt."

■ Der Viper mochte aussehen wie dem Disney-Film „Cars" entsprungen, war aber ein geradliniger Sportwagen mit Gänsehautgarantie.

Ein Testfahrer berichtete, der Viper sei eines der aufregendsten Fahrzeuge, seit Ben Hur den Streitwagen entdeckte.

BUGATTI EB 110

Ein historischer Autohersteller erfindet sich mit einem modernen Supersportwagen neu.

1990 ➤ 1999

„Keine Automarke hat sich mit so geringer Stückzahl (rund 7800 Fahrzeuge) einen derart charismatischen Ruf erworben wie Bugatti", lautet der erste Satz des Porträts der 1909 im französischen Molsheim gegründeten Automarke in dem vierbändigen, 2192 Seiten starken Standardwerk *Beaulieu Encyclopedia of the Automobile*.

Ettore Bugatti wurde 1881 in eine Künstlerfamilie im norditalienischen Mailand hineingeboren. Sein Großvater war Architekt, sein Vater Carlo ein gefeierter Designer und Hersteller von Möbeln, Musikinstrumenten und Schmuck. Ettores Bruder Rembrandt machte als Bildhauer von sich reden, vor allem durch seine Tierfiguren.

Ettore selbst brannte hingegen für Autos. Schon als Teenager baute er sein erstes motorisiertes Fahrzeug, bevor er bei verschiedenen deutschen Automobilherstellern arbeitete. Mit Ende 20 gründete er schließlich seine eigene Werkstatt in Molsheim, einer traditionsreichen Stadt an der deutsch-französischen Grenze. Bugattis Fahrzeuge setzten neue Maßstäbe in Sachen Geschwindigkeit und Luxus. Seine Rennwagen gewannen über 2000 Rennen, seine eleganten wie teuren Serienwagen wurden von Adligen und Filmstars gefahren.

Sein Sohn Jean trat in das Familienunternehmen ein und entwarf mehrere atemberaubende Fahrzeuge, verunglückte aber 1939 tödlich bei einer Testfahrt.

Ettore Bugatti starb 1947. Sein anderer Sohn Roland führte das Unternehmen weiter. Man stellte zwei neue Modelle beim Pariser Autosalon 1951 vor, doch 1956 wurde der Betrieb eingestellt.

Es gab mehrere Versuche, die Marke Bugatti wiederzubeleben. 1987 kaufte der italienische Unternehmer Romano Artioli, der größte Ferrari-Händler des Landes und Importeur japanischer Autos, schließlich die Namensrechte. Er errichtete ein neues Bugatti-Werk in der Nähe von Modena und beauftragte neben dem renommierten Ingenieur Paolo Stanzani auch Designer Marcello Gandini mit der Entwicklung eines modernen Bugatti. Das Projekt lief zunächst unter dem Codenamen FL12 – eine Kürzel für Ferruccio Lamborghini Zwölfzylindermotor – und wurde später als Bugatti EB 110 öffentlich gemacht. Der Name setzt sich aus Ettore Bugattis Initialen und seinem 110. Geburtstag zusammen, zu dessen Feier man den Wagen in Paris vorstellte.

Der EB 110 war ein Supersportwagen auf der Höhe seiner Zeit: das Fahrgestell aus Kohlefaser, ein Stahldach und Karosserieteile aus Aluminium, dazu Scherentüren und eine moderne Interpretation des geschichtsträchtigen Bugatti-Hufeisenkühlergrills.

Abgerundet wurde der Wagen von einem Allradantrieb mit einem System zum Ausgleich der Kraftübertragung des mit vier Turboladern ausgestatteten 3,5-Liter-V12-Motors, der standardmäßig 560 PS und in der Super-Sport-Version 611 PS leistete. Somit war der EB 110 das schnellste Serienfahrzeug der Welt, mit einer Höchstgeschwindigkeit von 356 km/h.

Einem Bericht von *Motor Trend* aus dem Jahr 201C zufolge war „der 110 in den frühen 1990ern das Maß al-

Diese und vorherige Doppelseite ■ Mit seinem Zwölftylinder-Motor und 560 PS war der EB 110 das schnellste Serienfahrzeug der Welt – er erreichte eine Höchstgeschwindigkeit von 356 km/h.

ler Dinge. Mit einem 560 PS starken 3,5-Liter-V12, einer Beschleunigung von 0 auf 100 km/h in 3,4 Sekunden und einer Höchstgeschwindigkeit von 351 km/h ließ er den Ferrari F40 hinter sich und ist immer noch schneller als viele neuere Autos auf Internetlisten über die ultimativen Supersportwagen ... Als er 1991 auf den Markt kam, war er der erste Serienwagen mit Kohlefaser-Monocoque und vier Turboladern sowie einer der wenigen mit permanentem Allradantrieb."

Bis zur Einstellung der Produktion (und Subventionierung des Unternehmens) im Jahr 1995 entstanden knapp 130 Exemplare des EB 110. Volkswagen kaufte vor dem Ende des Jahrzehnts die Markenrechte und präsentierte 2005 mit dem Veyron 16.4 einen neuen (und noch schnelleren) Bugatti.

JAGUAR
XJ220

Ein Supersportwagen, der der Zahl in seinem Namen fast gerecht wurde

1990 ➤ 1999

Im Jahr 1946 schrieb der Komponist Irving Berlin „Anything You Can Do, I Can Do Better" („Alles, was du kannst, kann ich besser") für das Broadway-Musical „Annie Get Your Gun". Dieser Titel wurde in den frühen 1990ern quasi zum Motto von Herstellern extravaganter Sportwagen.

Das britische Magazin *Top Gear* berichtete 2012: „Eine informelle Gruppe namens Saturday Club um Jaguars Chefingenieur Jim Randle wollte ein Auto entwickeln, das die Supersportwagen der damaligen Zeit – den Ferrari F40 und den Porsche 959 – übertreffen konnte." Angeblich begann Randle während seiner Weihnachtsferien 1987 mit der Arbeit an dem späteren XJ220, indem er ein Modell im Maßstab 1:4 aus Karton anfertigte. Nach den Feiertagen zeigte er es seinen Mitarbeitern, und der „Saturday Club" wurde gegründet, um das Projekt in ihrer Freizeit voranzutreiben.

Die Arbeit des Clubs führte zu einem Concept Car mit Mittelmotor und Allradantrieb, das den Namen XJ220 erhielt – in Anlehnung an den historisch bedeutenden Jaguar XK120 von 1948, dessen Name sich auf seine Höchstgeschwindigkeit von 120 mph (193 km/h) bezog. Randle und der Saturday Club erwarteten, dass ihr moderner Supersportwagen eine Höchstgeschwindigkeit von bis zu 220 mph (354 km/h)

erreichen würde. – Das Konzeptauto mit einer Karosserie, die von Jaguars Designteam entworfen wurde, einem V12-Motor der Jaguar-Experten von Tom Walkinshaw Racing und einem Allradantrieb von FF Developments, wurde im Herbst 1988 bei der British Motor Show in Birmingham vorgestellt.

In Produktion ging der Wagen 1992, insgesamt wurden innerhalb von zwei Jahren 282 Stück gebaut. Bis zum Produktionsbeginn war der XJ220 sowohl kleiner als auch leichter geworden und wurde nicht mit einem V12 ausgestattet, sondern mit einem V6-Twin-Turbo, der jedoch mit über 547 PS leistungsstark genug war, um den Wagen in nur 3,5 Sekunden von 0 auf 200 km/h zu beschleunigen, einen Rundenrekord auf dem Nürburgring aufzustellen und auf einer Teststrecke in Texas eine Höchstgeschwindigkeit von 341,7 km/h zu erreichen – ein Rekord für Serienfahrzeuge.

All dies war besonders beeindruckend für ein immer noch recht großes Fahrzeug – den „breitesten Serienwagen der Welt", wie das britische Magazin *CAR* betonte. „Man hat genug Beinfreiheit und viel Platz auf Schulterhöhe. [...] Wir

haben es mit einem 200-Meilen-Monster zu tun, das Sie – und einen Freund – problemlos nach Südfrankreich bringen könnte"

Allerdings schrieb der Autor weiter: „Wie alle guten leistungsstarken Autos schrumpft dieses hier gefühlt mit zunehmender Geschwindigkeit. […] Fährt man schnell, wirkt der XJ220 klein. […] Ihn auf langen Strecken hart ranzunehmen fällt leichter als bei allen richtig schnellen Supersportwagen der Konkurrenz."

Wenngleich das Auto schnell war, bot es auch Luxus, war innen mit Leder und einer Klimaanlage ausgestattet. Allerdings kostete es viel, weshalb ein Dutzend unverkaufter Exemplare schließlich für eine eigens fürs Fernsehen produzierte Rennserie namens Fast Masters verwendet wurde. Dahinter steckte die Idee, bekannte Rennfahrer ab 50 in identischen Wagen gegeneinander antreten zu lassen.

Wie sagt man so schön? Erstens kommt es anders, zweitens als man denkt. Die Serie entwickelte sich zu einem Hochgeschwindigkeits-Stock-Car-Rennen, aus dem der frühere Indianapolis-500-Sieger Bobby Unser als Champion hervorging.

In einer Rückschau im Jahr 2021 nannte die britische Webseite *Goodwood Road & Racing* den Jaguar XJ220 „den unbeliebtesten Supersportwagen".

Diese und vorherige Doppelseite ■ In den 1950er-Jahren benannte Jaguar eines seiner Sportmodelle XK120, weil es 120 mph fahren konnte. Jahrzehnte später erhielt der Supersportwagen des Unternehmens den Namen XJ220, weil seine angepeilte Höchstgeschwindigkeit 220 mph betrug.

TOYOTA SUPRA

Ferrari-Optik (und sehr gute dynamische Leistung) für ein Siebtel des Preises

1990 ➤ 1999

In den 1920er-Jahren entwickelte der japanische Erfinder Sakichi Toyoda automatisierte Webstühle, die die Textilindustrie revolutionierten. 1936 baute sein Sohn Kiichirō Toyoda ein Auto, und die Toyota Motor Corporation wurde gegründet.

Obwohl der Familienname Toyoda lautete (Japanisch für „fruchtbare Reisfelder"), entschied man sich bei der Firmengründung für Toyota, angeblich weil die Anzahl der zum Schreiben dieses Wortes erforderlichen Pinselstriche in Katakana Glück brachte und wegen seiner für japanische Muttersprachler leichteren Aussprache.

Der Schritt in die Automobilproduktion erwies sich tatsächlich als Glücksgriff: Im 21. Jahrhundert avancierte Toyota zum weltweit größten Automobilhersteller.

Toyota setzte die Pkw-Produktion nach dem Zweiten Weltkrieg fort und begann Ende der 1950er mit dem Export seiner Fahrzeuge. Es handelte sich überwiegend um schlichte Limousinen, doch 1967 entstand in Zusammenarbeit mit Yamaha ein spektakulärer Sportwagen: der Toyota 2000GT. Während Toyota für das elegante Fließheckdesign verantwortlich zeichnete, entwickelte Yamaha den Sechszylinder-Reihenmotor.

Road & Track zählte das Fahrzeug, das in limitierter Stückzahl gebaut wurde, zu den „aufregendsten und kurzweiligsten Autos, die wir je gefahren sind". Es könne sich mit dem Porsche 911 durchaus messen.

Anfang der 1970er entwickelte Toyota ein zweitüriges Sportcoupé, den Celica, der Modellen wie dem Ford Mustang in den USA und dem Capri in Europa Konkurrenz machen sollte.

1978 konzipierte Toyota eine leistungsstärkere Version des Celica, unter anderem auf Wunsch amerikanischer Händler nach einem Modell, das dem Datsun 280Z die Stirn bieten konnte. Dieses neue Modell erhielt den Namen Supra (abgeleitet von dem lateinischen Verb für „übertreffen" oder „darüber hinausgehen").

Während der Celica von einem Vierzylinder-Motor

Diese und vorherige Doppelseite ■ Turbolader steigerten die Leistung des Sechszylinder-Motors des Supra, wodurch das Coupé schneller als viele erheblich teurere Sportwagen-Sonderanfertigungen war.

Der F40-artige Heckflügel passte durchaus zu einem Sportcoupé mit überraschend hoher Leistung.

angetrieben wurde, hatte der Supra einen Sechszylinder-Reihenmotor mit 202 PS und einen höheren Achsabstand, damit der Motor unter die verlängerte Haube passte.

In der dritten Generation des Supra (1986–1993) wurde die Leistung durch zwei Turbolader auf 233 PS gesteigert. 1993 führte man die vierte Generation ein, die enger mit dem Lexus SC aus Toyotas Luxussparte verwandt war.

Car and Driver sah im Design des 1993er Supra nicht etwa Ähnlichkeiten zum Lexus, sondern zum Ferrari F40. Das Magazin hob aber hervor, dass der Supra den gleichen 3,0-Liter-Sechszylinder-Reihenmotor hatte wie der verwandte Lexus und dass er 233 PS in der Standardversion bzw. 324 PS leistete – und satte 433 Nm Drehmoment – wenn er über zwei Turbolader verfügte.

So ausgestattet, schrieb der Autor, beschleunigte das Sportcoupé in etwas mehr als 4,6 Sekunden auf 100 km/h, was schneller war als ein Acura NSX, Porsche 928 GT, Mazda RX-7 oder eine gewöhnliche Chevrolet Corvette. Und ein solcher Sprint kostete nur 42 000 US-Dollar – deutlich weniger als der ähnlich aussehende Ferrari F40.

Auch *Motor Trend* schätzte die Geschwindigkeit des Supra und fügte hinzu: „Wie die Beschleunigung des Supra Turbo sind auch sein Fahrverhalten und seine Bremsleistung fast das Beste, was wir unabhängig vom Kaufpreis je gesehen haben. [...] Ein Supra, der sich als solche Straßenrakete entpuppt, könnte Geschichte schreiben."

Das tat er auch, zumindest bis zum Ende der Produktion jener vierten Generation. Toyota mottete das Supra-Typenschild ein, bis 2019 eine fünfte Generation vorgestellt wurde.

MCLAREN
F1

Jahrzehnte später „immer noch der Inbegriff des perfekten Supersportwagens“

„Der McLaren F1 lässt alle anderen Supersportwagen alt aussehen", lobte *Car and Driver* seinerzeit in seinem Testbericht.

Das britische Magazin *CAR* urteilte nach seiner Fahrt mit einem der Wagen: „Der 635 PS starke F1, der alle bisherigen Exoten-Flitzer in den Schatten stellt, ist genau das, was Designchef Gordon Murray versprochen hatte: das ultimative Fahrerlebnis und denkbar nah am Feeling eines straßenzugelassenen Tourenwagens. Vergesst den Porsche 959, Ferrari F40, Jaguar XJ220, Bugatti EB110. Das sind übergewichtige, untermotorisierte Schmusekätzchen im Vergleich zu McLarens Straßenfeger mit BMW-Motor. Der F1 […] schlägt sie eindeutig." Im Jahr 2020 – Jahrzehnte nach dem Produktionsende des McLaren F1 – konstatierte *Road & Track*: „Der McLaren F1 ist immer noch der Inbegriff des perfekten Supersportwagens."

Zum 30. Jahrestag der Vorstellung des Fahrzeugs behauptete *Evo*: „Nach all den Jahren hat die Welt noch keinen Supersportwagen gesehen, der besser durchdacht, besser verarbeitet oder bequemer ist. Geschweige denn so leistungsstark, leicht und direkt in seiner Ansprache."

Bruce McLaren zog 1958 von Neuseeland nach England, um seine Karriere im Motorsport voranzutreiben. Zehn Jahre später gaben er und sein Teamkollege Dennis Hulme im Can-Am Challenge Cup den Ton an. McLaren baute und fuhr auch in Indianapolis und der Formel 1. Er starb 1970 bei einem Unfall während eines Testlaufs mit einem Rennwagen, doch McLaren Racing gewann zwischen 1984 und 1991 siebenmal in acht Saisons die Formel-1-Weltmeisterschaft.

Zu diesem Zeitpunkt fühlte sich die Teamleitung bereit, das ultimative Straßenfahrzeug zu bauen, und beauftragte den Rennwagenkonstrukteur und -ingenieur Gordon Murray damit. Dieser verließ seine Heimat Südafrika in der Hoffnung, bei Lotus in England arbeiten zu können. Stattdessen entwarf er Lenkraketen, bevor er beim Brabham-Rennteam landete, wo eines seiner innovativen Designs so erfolgreich war, dass es durch eine Regeländerung verboten wurde. Von Brabham wechselte Murray zu McLaren. Um dem Geist der Formel 1 treu zu bleiben, konstruierte er den Straßenwagen McLaren F1 rund um den Fahrer, der mittig im Cockpit saß. Die Beifahrersitze waren beidseitig leicht versetzt dahinter angeordnet, um das periphere Sichtfeld des Fahrers nicht zu stören.

Direkt hinter dem Cockpit, das mit Klimaanlage, elektrischen Fensterhebern, Stereoanlage, Connolly-Leder und maßgefertigten Taschen für die Gepäckfächer vor den Hinterrädern ausgestattet war, befand sich der Motor. Es war ein selbstansaugender 6,1-Liter-V12 von BMW ohne Turbolader oder Kompressor mit 650 Nm Drehmoment. Um bei dieser Leistung die Bodenhaftung zu behalten, griff Murray auf eine Technologie aus seinem verbotenen Brabham-Formel-1-Wagen zurück: Zwei kleine Ventilatoren sogen den McLaren buchstäblich an die Fahrbahn.

Zur Verbesserung der Bremsleistung ließ sich der Heckspoiler ausfahren.

Der McLaren F1 wurde 1992 beim Großen Preis von Monaco vorgestellt. Im folgenden Jahr erreichte der Prototyp bei Tests auf der Rundstrecke im italienischen Nardò eine Geschwindigkeit von 372 km/h. 1998 stellte Rennfahrer Andy Wallace mit einer Durchschnittsgeschwindigkeit von 386,4 km/h auf der Volkswagen-Teststrecke in Deutschland einen Weltrekord auf.

Zwischen 1992 und 1998 fertigte McLaren Berichten zufolge 106 Exemplare seines Wunderautos F1.

Als Fazit heißt es in dem 1994er Bericht von *Car and Driver:* „Vergessen Sie den Jaguar XJ220, den Bugatti EB110, den Ferrari F40 – bis jetzt waren das Autos, die man als schnell bezeichnen konnte. Der McLaren hängt sie alle ab, ein Straßenfahrzeug, das die Leistung der meisten Rennwagen übertrifft, die dieses Jahr bei den 24 Stunden von Le Mans an den Start gehen werden."

Vorherige und diese Doppelseite ■ Gordon Murray erhielt den Auftrag, ein straßenzugelassenes Auto zu entwickeln, das dem Formel-1-Fahrerlebnis möglichst nahe kam. Dafür platzierte er den Fahrersitz in der Mitte des Cockpits.

Der McLaren F1 ging auf den Rennsport zurück, bot seinen Insassen aber eine Klimaanlage, elektrische Fensterheber, Connolly-Lederausstattung und anderen Luxus.

■ Der McLaren F1 GTR war eigens für Motorsportwettkämpfe ausgestattet. 1995 gewann ein solches Modell die 24 Stunden von Le Mans.

PORSCHE 911 (993)

Das Ende einer Ära: der letzte Porsche mit luftgekühltem Motor

1990 ➤ 1999

Ferdinand Porsche entwickelte einige der schnellsten Rennwagen der Welt und war der Chefingenieur hinter dem Volkswagen Typ 1, der weltweit als „Käfer" beliebt wurde. Sein Sohn Ferry Porsche nutzte den Typ 1 als Ausgangspunkt für einen sportlichen Ableger, den Porsche 356.

Ferdinands Neffe und Ferrys Cousin F. A. „Butzi" Porsche studierte Design statt Ingenieurwesen. Als es Mitte der 1960er an der Zeit war, den 356 durch einen neuen Porsche-Sportwagen zu ersetzen, entwarf Butzi den 911. Dieser verfügte neben einer windschnittigeren Karosserie über einen Sechszylinder-Boxermotor (mit sich gegenüberliegenden Zylinderbänken) anstelle des bisherigen Vierzylinders, ein Fünfgang-Getriebe, eine verbesserte Aufhängung und Lenkung sowie Verbundscheibenbremsen.

Porsche hatte nun einen modernen Sportwagen, wenn auch weiterhin mit einem luft- statt wassergekühlten Heckmotor.

Seitdem wird der 911 ununterbrochen hergestellt. Man hat sein Grundprofil beibehalten, ihn aber mechanisch und in der Ausstattung stetig weiterentwickelt, um das Fahrerlebnis für die Insassen zu verbessern.

Porsche erkannte die Bedeutung des 993 für seine Kundschaft und verzögerte daher die Einführung seines Nachfolgers.

Diese und vorherige Doppelseite ■ Als „Höhepunkt der Gattung“ der luftgekühlten Porsches wurde der 993 ein begehrtes Sammlerauto.

Porsche hatte die luftgekühlte Motortechnologie ausgereizt – der nächste 911, der 996, setzte daher auf Wasserkühlung.

Ein leitender Ingenieur eines konkurrierenden Herstellers brachte es auf den Punkt: Während andere Hersteller in optische Veränderung ihrer Autos von Generation zu Generation investierten, behielt Porsche das ikonische Design des 911 bei und konzentrierte sich auf die Details – Verbesserungen, die den 911 immer näher an die automobile Perfektion heranführten.

Die vierte Generation dieser Detailverliebtheit war der 993. Zunächst leistete sein 3,0-Liter-Motor 275 PS. Bald stieg diese Leistung auf 300 PS beziehungsweise 408 PS im Fall des turbogeladenen 3,6-Liter-Motors im 911 Turbo.

Selbst Porsche konnte aber nur begrenzt Leistung aus einem luftgekühlten Motor herausholen, auch mit Turbolader und indem man Vorteile des kompakteren, leichteren Motors ausnutzte. Angesichts neuer Verbrauchs- und Emissionsvorschriften sowie des steigenden Bedarfs an Energie für Bordelektronik, Klimaanlagen und Ähnliches war eine Veränderung unvermeidbar.

Der 993 wurde daher nur von 1994 bis 1998 produziert. Anschließend löste ihn der 996 ab, der erstmals über einen wassergekühlten Sechszylindermotor verfügte.

Der 993 war somit der letzte luftgekühlte Porsche 911 und avancierte aufgrund seiner kurzen Produktionszeit praktisch sofort zu einem Klassiker, den Sammler auf der ganzen Welt lieben.

Porsche selbst wusste um die Besonderheit dieses Modells und verzögerte den Verkaufsstart des 996, um das volle Potenzial der 993-Baureihe und ihrer späteren Varianten Cabriolet, Allrad und Turbo auszuschöpfen.

Der Klassiker-Versicherer und Marktbeobachter Hagerty bewertete 2024 den 993 rückblickend: „Als letzter luftgekühlter 911 gilt er für viele als Höhepunkt der Baureihe, vor allem, weil er die Aufgabe hatte, Porsches Aushängeschild im Wettbewerb mit immer ausgefeilteren und leistungsfähigeren Konkurrenten wie dem Ferrari F355 und dem Honda NSX relevant zu halten."

Und weiter: „Der 993 hat keinen so drastischen Wertverlust erlitten wie sein wassergekühlter Nachfolger, der 996. Aus diesem Grund sind noch erhaltene 993-Modelle in der Regel besser gepflegt. Daher ist er fast schon seit dem Tag im Jahr 1998, an dem der letzte 993 verkauft wurde, eine sichere Bank unter den klassischen Porsches."

■ Der sogenannte Walflossen-Heckspoiler war das Erkennungsmerkmal der Turbo-Version des Wagens, deren Leistung auf über 405 PS erhöht wurde.

1990 ➤ 1999

SUBARU IMPREZA WRX STI

Die beachtliche Verwandlung eines Kompaktwagens in einen Motorsport-Champion

Was die Detroit Muscle Cars der 1960er für die Baby-Boomer-Generation waren, wurden japanische Autos wie der Nissan Skyline GT-R und der Subaru Impreza WRX STI für die Millennials.

Die späteren japanischen Modelle mochten nicht so leistungsstark oder schnell sein wie die früheren amerikanischen, waren dafür aber wendig, schnell und extravagant – und im Fall des Subaru reichte diese Extravaganz über den Asphalt hinaus.

Der WRX STI war wie in früheren Jahrzehnten der Lancia Stratos, Delta Integrale und Ford RS200 ein straßenzugelassener Rennwagen. Die Buchstaben hinter dem Impreza-Modellnamen standen für World Rally eXperimental und Subaru Tecnica International.

Nach dem Zweiten Weltkrieg schlossen sich japanische Unternehmen mit Erfahrung in der Herstellung von Flugzeugen, Motoren und sogar Motorrollern zusammen, um Fuji Heavy Industries zu gründen.

Ende der 1950er produzierten sie ihre ersten Automobile unter der Marke Subaru, die später für ihre Vierzylinder-Boxermotoren (klein mit 2,0 Litern Hubraum, aber fast 253 PS stark) und ihr sicheres symmetrisches (und permanentes) Allrad-Antriebssystem bekannt wurde.

Das Unternehmen nahm bereits 1970 mit seinen Autos an Rennen teil, konnte jedoch erst in den 1990ern den ersten Sieg bei einem großen Wettbewerb erringen, als es sich mit dem Prodrive-Team aus England und einem bedeutenden Sponsor zusammenschloss.

Subaru verhalf Colin McRae 1995 zum Fahrertitel der World Rallye Championship und begann im selben Jahr eine Siegesserie in der Konstrukteurswertung der WRC, die bis zur Saison 1997 andauerte.

Das australische Magazin *Which Car?* lobte den Impreza WRX STi der späten 1990er als „den ultimativen STi".

■ Kosmetische Änderungen, die den Wagen für Rennen wettbewerbsfähig machten, gaben ihm im Straßengebrauch eine besondere Präsenz.

FERRARI
F50

Ferrari konnte es kaum erwarten,
sein 50-jähriges Jubiläum zu feiern.

1990 ➤ 1999

Im vorigen Kapitel über die Klassiker der 1980er-Jahre sind wir dem Ferrari F40 begegnet. Er war das letzte Fahrzeug, bei dem sich Enzo Ferrari direkt einbrachte, und wurde 1988 anlässlich des 40-jährigen Firmenjubiläums vorgestellt.

Enzo Ferrari starb wenige Monate nach der Einführung des F40. Der nachfolgende Ferrari F50 sollte dann zum 50-jährigen Jubiläum herauskommen, doch seine Produktion begann bereits 1995 nach seiner Premiere im Frühling des Jahres beim Genfer Autosalon. Man könnte ihn daher als verfrühtes Jubiläumsgeschenk betrachten.

Tatsächlich war der F50 im Grunde ein Ferrari-Formel-1-Rennwagen, der legal auf öffentlichen Straßen und nicht nur auf Rennstrecken gefahren werden konnte. Nein, er sah nicht wie ein F1-Rennwagen aus. Seine Räder waren nicht freistehend, sondern zusammen mit anderen Teilen von einer bei Pininfarina gestalteten Karosserie umschlossen. Auch hatte er im Gegensatz zu Ferraris Formel-1-Wagen kein Einsitzer-Cockpit, sondern eine geschlossene Kabine mit Platz für Fahrer und Beifahrer.

Allerdings verfügte er über einen V12-Motor, der auf dem Motor des Ferrari-Formel-1-Renners beruhte.

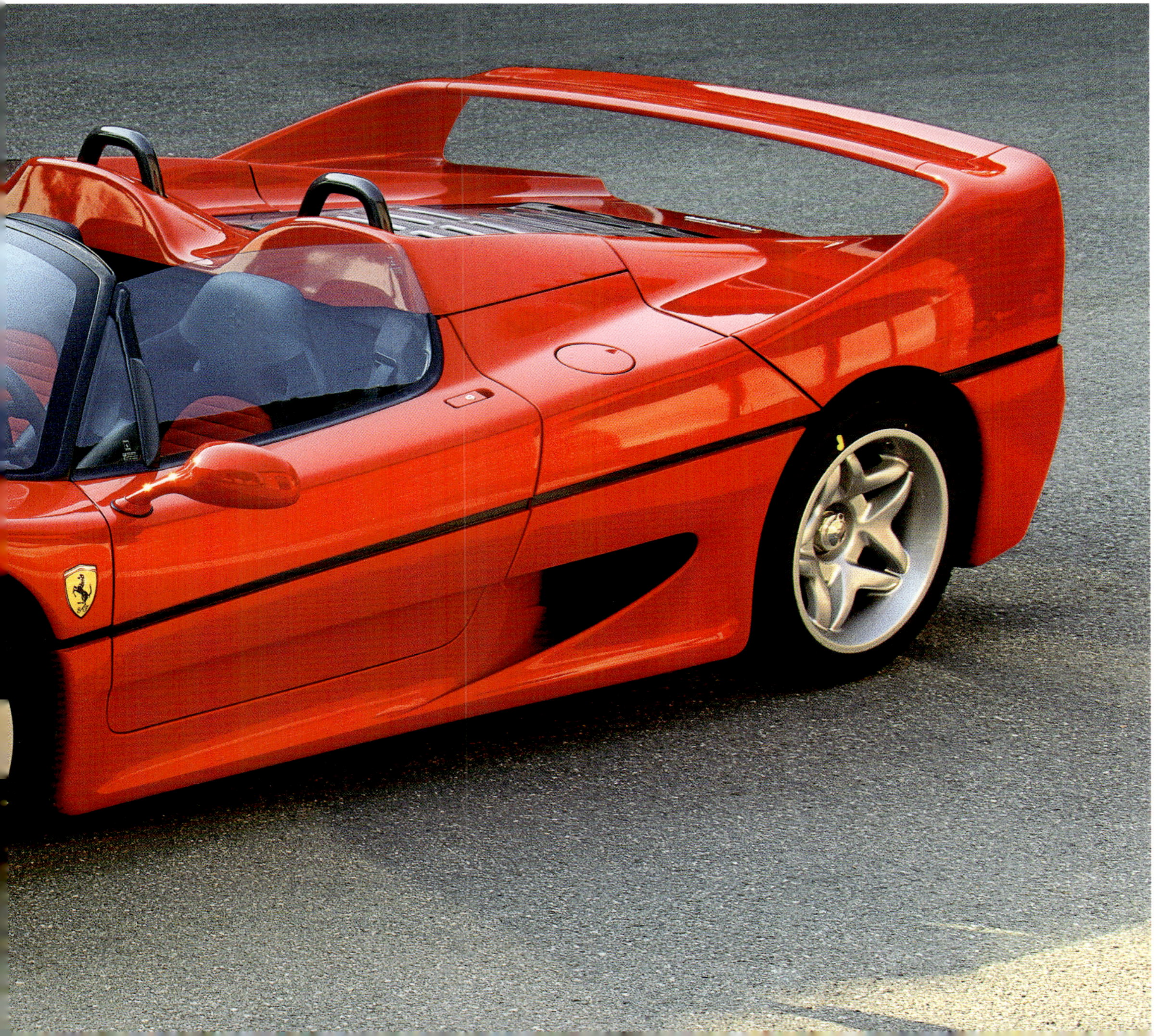

Dieser Motor war hinter dem Cockpit montiert und konnte den F50 auf Geschwindigkeiten von über 320 km/h beschleunigen. Und während die F1-Regeln den Hubraum des Motors auf 3,5 Liter begrenzten, wurde der Motor im F50 auf 4,7 Liter vergrößert, sodass 520 PS zur Verfügung standen, was jedoch im Vergleich zu Gerhard Bergers und Jean Alesis Ferrari 651 F1 rund 300 PS weniger waren.

Der F50 bestand zudem größtenteils aus Kohlefaser, besaß ein Fahrwerk im F1-Stil, Unterbodenverkleidung, einen Sicherheitstank und einen gewaltigen Heckspoiler für hohen Abtrieb zugunsten der Bodenhaftung.

Er verfügte zudem über ein abnehmbares Dachpaneel, wodurch die Insassen das Fahrerlebnis eines Cabriolets genießen konnten.

Bei der Präsentation bemerkte Ferraris neuer Präsident Luca di Montezemolo, Ferraris jahrelange Rennsporterfahrung sei in die Entwicklung des F50 eingeflossen, und dies könne aufgrund der zunehmend strengeren Abgasvorschriften das letzte Mal sein, dass man selbst oder irgendein anderer Hersteller ein Straßenauto wirklich auf der Grundlage eines Formel-1-Rennwagens bauen dürfe.

Ferrari gab außerdem bekannt, dass man den F50 in limitierter Stückzahl baute – 349 Exemplare, das

Diese und vorherige Doppelseite ■ Der F50 folgte der Linie des im vorangegangenen Jahrzehnt eingeführten F40 und brachte den technologischen Fortschritt von fast zehn Jahren mit sich.

Anders als Ferraris Rennwagen F1 hatte der F50 nebeneinander angeordnete Sitze, sodass ein Beifahrer an der Fahrt teilhaben konnte.

letzte lief 1997 vom Band. Warum 349? Weil Ferraris Marktforschung ergab, dass es weltweit wohl nur etwa 350 Käufer für ein solches Fahrzeug gab. Und weil Ferraris immer schwer erhältlich sein sollten, entschied man sich, ein Auto weniger zu bauen, als der Markt möglicherweise nachfragte.

„Der vor Formel-1-Technologie strotzende F50 war ein herrlich ausgewogener Supersportwagen beziehungsweise durch seine einmalige Kombination von einem dem F1 entlehnten V12-Motor und einem manuellen Getriebe mit Schaltkulisse einer der großartigsten analogen Supersportwagen aller Zeiten", lobte das britische Magazin *Evo*.

1997 fuhr *Car and Driver* mit einem F50 über Ferraris eigene Teststrecke: „Bei allem Grollen, Heulen und Schreien des Motors, Getriebes und, jawohl, auch des Fahrers entpuppt sich Ferraris 520 PS starker F50 als nachsichtiges, ja sogar leicht beherrschbares Auto", berichtete das Magazin. „Und schon nach zwei Runden auf Ferraris Teststrecke Fiorano wird klar: Dieser straßenzugelassene Grand-Prix-Wagen versprüht so viel Rennsport-Flair, dass sich der Fahrer wie ein Held fühlt."

Ferraris neuer Präsident befürchtete, aufgrund der Reglements sei der F50 wahrscheinlich das letzte Beispiel eines straßenzugelassenen Grand-Prix-Rennwagens.

■ Unter Pininfarinas windschnittiger Karosserie verbaute Ferrari im Straßenverkehr erlaubte Versionen von Komponenten seiner Formel-1-Autos.

BMW
Z3

Globalisierung: ein in den USA gebauter Roadster britischer Machart von einem deutschen Hersteller

Mazdas Neuerfindung des klassischen britischen Roadsters trat eine Welle los, auf der anscheinend alle Automobilhersteller mitreiten wollten. BMWs Beitrag war der Z3, der mit einem recht spektakulären Auftritt in „James Bond 007 – Golden Eye" (1995) vorgestellt wurde, sowohl im Film selbst als auch in zwei kurzen Szenen im Trailer.

BMW hatte tatsächlich so etwas wie einen Vorsprung beim Comeback des Roadsters. Bereits 1987 stellte das Unternehmen den Z1 vor, ein zweisitziges Concept Car mit offenem Verdeck, das in Kleinserie gebaut und ausschließlich in Europa verkauft wurde. Sein auffälligstes Merkmal waren die Türen an den Seiten der Karosserie aus Plastikverbundwerkstoff. Sie ließen sich elektrisch bedienen – nicht nur die Scheiben, denn sie verschwanden beim Öffnen vollständig in den Seitenschwellern.

Der Z3 debütierte 1996 bei der North American International Auto Show in Detroit. Er beruhte auf der Technik der 3er-Serie und wurde von einem 1,9-Liter-Vierzylinder-Motor mit 140 PS angetrieben.

Ein Vorteil bestand laut *Car and Driver* darin, dass der Z3 für unter 30 000 US-Dollar verkauft werden konnte. „Der Hersteller versteht diesen neuen Z3 Roadster als

BMW für die Vielen, nicht für die Wenigen", erläuterte das Fachblatt.

Was ebenfalls dazu beitrug, dass der Preis für viele erschwinglich blieb, war eine Überraschung wie aus einem Bond-Drehbuch: BMW kündigte an, der Z3 würde als erstes Modell mit BMW-Emblem nicht in Deutschland gebaut, sondern in einem neuen Werk in South Carolina in den USA, von wo aus man ihn in 100 Märkte auf der ganzen Welt exportierte.

Nichtsdestoweniger verlangten Kunden und Kritiker mehr Leistung. BMW reagierte mit der Option eines 2,8-Liter-Sechszylinder-Reihenmotors mit 192 PS. Anfang 1998 kam außerdem eine Schrägheckvariante hinzu, das Z3 Coupé, gefolgt von leistungsstarken M-Modellen aus der Motorsportabteilung. Der Z3 M kam in Europa mit 320 PS auf den Markt und in den USA mit 240 PS.

Angeblich nur versuchshalber wählte das M-Team den 5,4-Liter-V12 von BMW und stellte fest, dass er unter die Haube eines Z3 Roadsters passte. Der Motor leistete 326 PS, was aber mit erheblichem Übergewicht an der Vorderseite einherging. Bei Testfahrten erreichte der Wagen Berichten zufolge 263 km/h. Unterdessen wurde der serienmäßige Z3 M mit dem Slogan „Adrenalin für zwei" beworben.

Das M Coupé und der M Roadster schafften es 1999 auf die 10 Best-Liste von *Car and Driver*, auf der auch BMWs 3er- und 5er-Limousinen standen.

„Die Verwendung eines Stahldachs ist zwar nicht im Sinne der Linienführung, macht den Wagen aber deutlich verwindungssteifer", schrieb das Magazin über das M Coupé. „Dadurch wirkt er sehr stabil, und der Fahrer fühlt sich tief in der kleinen Kabine sitzend wie ein fester Bestandteil des Fahrzeugs. [...] Diese Einheit von Fahrer und Fahrzeug erzeugt zusammen mit der schnellen Lenkansprache, der präzisen Schaltung und dem 240 PS starken M-Motor eine verblüffende Harmonie, weil es sofort auf seine Wünsche reagiert. Nach einer halben Stunde hinterm Steuer eines M Coupé waren unsere Vorbehalte wegen des äußeren Designs vergessen. [...] Wer bereit ist, für etwas Steifigkeit auf ein offenes Verdeck zu verzichten, genießt im M Coupe die meisten Vorzüge des Roadsters. So oder so: Diese Autos zu fahren heißt, sie zu lieben."

Vorherige und diese Doppelseite ■ Der Z3 debütierte nicht bei einer Autoshow, sondern in dem James-Bond-Film „GoldenEye".

Anders als mit dem teuren Aston Martin konnte sich mit dem Z3 mancher Möchtegern-007 seine Fahrträume erfüllen.

1990 ➤ 1999

„In den frühen 1990ern herrschte eine weltweite Rezession", rekapituliert der deutsche Automobilhersteller Porsche auf seiner Webseite. „Porsche hatte mit seinen hohen Produktionskosten und seiner besonderen Anfälligkeit für die Schwankungen der angeschlagenen US-Wirtschaft mehr zu fürchten als die meisten anderen." Das traf umso mehr zu, als die Produktion des 928 und 968 bald eingestellt und selbst der traditionsreiche 911 gerade einem erheblichen Redesign unterzogen wurde.

Man rechnete damit, dass finanzielle Themen den Schwerpunkt von Porsches Pressekonferenz bei der North American International Auto Show 1993 in Detroit bilden würden. Dann jedoch enthüllte der Hersteller ein neues Concept Car, das der Marke neues Leben einhauchte.

Dieser Wagen, dem drei Jahre später ein Serienmodell folgte, war der Boxster. In dem Namen verschmolz das Wort „Boxer" (sein Boxermotor mit sechs sich gegenüberliegenden Zylindern) mit dem ursprünglichen Porsche Speedster aus der Mitte der 1950er-Jahre.

Mit seinem hinter den beiden Sitzen für Fahrer und Beifahrer platzierten Motor knüpfte der Boxster auch an den Mittelmotorsportwagen 914 von Anfang der 1970er an. „Da war ein Auto, das niemand erwartet hatte," erinnerte sich Designer Harm Lagaay.

Laut dem Autoversicherer und Marktwertanalysten Hagerty war dies auch „das Konzept, das die Marke rettete. […] Der Box-

■ Der Boxster rief Erinnerungen an den Porsche Speedster der 1950er-Jahre wach.

PORSCHE BOXSTER

Droht Porsche das Aus?
Nicht mit dieser erfreulichen Überraschung.

ster Concept repräsentierte etwas noch Wichtigeres als nur eine neue Designrichtung. Es ging ums Überleben. Mit dem Boxster stand zu einer Zeit, als die Zukunft der Firma ungewiss war, ein neuer, günstigerer Porsche-Sportwagen in Aussicht. [...] Ende der 1980er war Porsche in Not. Genauer gesagt: dem Untergang nahe. Die Liebschaft der Marke mit Frontmotorfahrzeugen – dem 928 Grand Tourer und den Vierzylinder-Modellen 924/944/968 – näherte sich ihrem notwendigen Ende. Negative wirtschaftliche Entwicklungen, ungünstige Wechselkurse, günstigere Preise der Konkurrenz und die Schwächen von Porsches eigener Fertigung hatten den Autobauer in eine schwierige Lage gebracht. Ein Verkauf an eine andere Marke erschien möglich."

Die Kunden mussten rund drei Jahre warten, bis der Konzeptwagen in den Porsche-Autohäusern erhältlich war. Zunächst wurde der Boxster mit einem 2,5-Liter-Sechszylinder-Boxermotor mit 203 PS angeboten. Bald darauf wurde dieser Motor zu 2,7 Litern und 220 PS aufgerüstet, während mit dem Boxster S ein weiteres Modell hinzu-

Diese und folgende Doppelseite ■ Ein faszinierendes Detail des auf der Automesse in Detroit gezeigten Boxster-Konzeptautos waren Reißverschlüsse an der Außenseite des Schulterbereichs jedes Sitzes. In jeder dieser Reißverschlusstaschen steckte eine spezielle Windjacke.

kam, das einen 3,2-Liter-Sechszylindermotor und 253 PS hatte. *Motor Trend* lobte den Wagen als Einstiegsmodell, das „das vollständige Porsche-Erlebnis bietet. Es ist ganz Porsche, jederzeit."

Das Design habe Schönheitsfehler, sei aber „angenehm elegant [...] und diese Ästhetik schlägt sich auch in Funktionalität nieder. [...] Der schnell hochdrehende 2,5-Liter des Boxster setzt eine neue Leistungsmarke für die aktuelle Welle deutscher Einstiegs-Roadster. [...] Auf der Straße arbeiten Antrieb, Aufhängung, Bremsen und Zahnstangenlenkung zusammen wie ein gut eingespieltes Orchester. Alle Elemente greifen ineinander, wodurch sie eine lohnende, kommunikative Verbindung zwischen Fahrer und Fahrzeug herstellen." Ferner bemerkte das Magazin, dass sich das elektrische Stoffverdeck schnell öffnen beziehungsweise schließen ließ und der Boxster sowohl unter der vorderen Haube als auch in einem Fach hinter dem mittig platzierten Motor Stauraum bot (Der Autor selbst fuhr einmal mit einem Boxster zu seiner Mutter nach Florida und hatte auf der Rückfahrt sowohl Platz für sein Gepäck als auch für zwölf volle Einkaufstüten mit frisch von ihren Bäumen gepflückten Grapefruits).

2005 brachte Porsche den Cayman auf den Markt, eine geschlossene Coupé-Version des Boxster-Roadsters.

1990 ➤ 1999

PLYMOUTH PROWLER

Kriegt Serienfertigung einen Stich gegen den Zauber einer Tuning-Werkstatt?

In dem Kinohit „Zurück in die Zukunft“ von 1985 diente ein futuristisches Auto als Zeitmaschine. „Zurück in die Zukunft“ wurde indes auch zu einer Art Motto für Automobildesigner. Man denke an die Wiedergeburt des britischen Sportwagens in Form des Mazda Miata, den New Beetle von Volkswagen oder den Fiat Cinquecento, der überarbeitet und als Fiat 500 wiedereingeführt wurde.

Ford nannte diesen Trend „Retrofuturismus“, die Fertigung von Serienfahrzeugen mit nostalgischen Designs – Thunderbird, Mustang, Ford GT – und Concept Cars wie dem Forty-Nine. General Motors präsentierte das Konzeptauto Buick Blackhawk und den Pickup Chevrolet SSR. Der Bugatti Atlantic inspirierte den Chrysler Atlantic, der Shelby Cobra wurde als Dodge Viper wiedergeboren, der klassische amerikanische Lieferwagen als Chrysler PT Cruiser, und der klassische amerikanische Hot Rod der Nachkriegszeit kehrte in Form des Plymouth Prowler zurück. Er wurde 1993 als Konzeptfahrzeug bei der Automesse in Detroit vorgestellt und erhielt sofort den „Most Fun“-Award des Magazins *AutoWeek*.

Die Gestaltung des Prowler leitete Chryslers Designchef Tom Gale, der sich an die Zeit erinnerte, als er auf der Grundlage eines 1932er-Ford einen klassischen amerikanischen Hot Rod in seiner Garage baute.

■ Mit Vorderreifen, die denen eines Motorrads ähnelten, sollte das Design des Plymouth Prowler den Geist selbst gebauter Hot Rods aufleben lassen.

Mit dem Prowler verfolgte Chrysler zwei Ziele: Zum einen wollte man die Marke Plymouth wiederbeleben und einer jüngeren Zielgruppe schmackhaft machen, zum anderen war er eine Neuinterpretation des klassischen amerikanischen Hot Rod, bloß dass man ihn nicht selbst bauen musste und er mit Werksgarantie geliefert wurde.

Obwohl der Prowler spektakulär aussah, ließ seine Fahrdynamik zu wünschen übrig. Während Hot-Rodder für ihre Wagen den ursprünglichen Ford V8, den späteren Chevrolet Small-Block V8 oder sogar einen Chrysler Hemi V8 verwendeten – oft auch mit Kompressor –, wurde der Prowler lediglich mit einem 3,5-Liter-V6 ausgestattet, der ansonsten in Chryslers Familienlimousinen zum Einsatz kam. Und anstelle einer manuellen Schaltung verfügte der Prowler über eine Viergang-Automatik.

Der Motor im Prowler-Konzeptfahrzeug war auf 243 PS abgestimmt, doch als das Serienmodell 1997 auf den Markt kam, leistete der V6 nur 216 PS (allerdings wurde er 1999 durch eine Version mit 256 PS ersetzt).

Motor Trend bemängelte nicht nur die geringe Leistung, sondern auch den Klang des Autos: „Das metallische Klopfen, das entsteht, wenn acht Zylinder zwei Auspuffrohre in einem synkopischen Rhythmus vibrieren lassen, ist so untrennbar mit

■ Auch wenn er einem selbst gebauten Hot Rod ähnelte, besaß der Plymouth Prowler lediglich einen V6-Motor, also weder Chryslers beliebten Hemi noch einen anderen V8, und es gab lediglich ein Automatikgetriebe.

dem amerikanischen Hot Rod verbunden, dass manche Liebhaber Chryslers coole Raubkatze allein deshalb ablehnen, weil sie nicht richtig schnurrt."

Dieser rückblickende Bericht hob auch hervor, wer auf einen stärkeren V6 oder gar einen V8 aus dem Werk gehofft habe, sei enttäuscht worden, „denn am Ende des Modelljahres 2000 existierte die Marke Plymouth nicht mehr".

Der Prowler wurde zwar noch bis 2002 gebaut, allerdings unter dem Chrysler-Emblem. Ironischerweise präsentierte Chrysler 1999 bei der SEMA-Show – einer Messe für Fahrzeugzubehör und Herstellerkonzepte – einen Wagen namens Plymouth Howler, der auf dem Prowler beruhte, aber eine kleine Pick-up-Ladefläche, einen 4,7-Liter-V8-Motor und ein Fünfgang-Schaltgetriebe hatte.

Der Plymouth Prowler sah wie ein echter Hot Rod aus, doch die Leistung und der Klang eines V8-Motors gingen ihm ab.

■ Der Plymouth Prowler war mehr Schein als Sein. Er sah schick aus, erbrachte aber nicht die entsprechende Performance.

1990 ➤ 1999

BMW M3

Zwei Türen mehr, zwei weitere Zylinder und ein geräumigeres Inneres erhöhten den Reiz des BMW-Kompaktsportwagens.

Anfangs war der BMW M3 nur als Coupé oder Cabriolet erhältlich, doch im Zuge der Einführung der E36-Generation des Kompaktwagens des deutschen Herstellers im Jahr 1992 dauerte es nicht lange, bis die M3-Modellpalette um eine viertürige Limousine erweitert wurde. Obwohl das Coupé am beliebtesten blieb, verkaufte sich die M3-Limousine besser als die Cabriolet-Version.

Die Einführung der E36-Plattform bedeutete, dass der M3 erstmals mit einem Sechszylinder-Reihenmotor – 3,0-Liter mit einer Leistung von 286 PS – bestückt wurde. Kurz bevor die M3-Limousine auf den Markt kam, wurde die Karosserie des Coupés und Cabriolets überarbeitet. Diese Änderung ging mit einer neuen Motorvariante einher, einem 3,2-Liter-Sechszylinder-Reihenmotor mit 320 PS und manueller Sechs- statt Fünfgang-Schaltung. Wer nicht selbst kuppeln wollte, hatte BMWs neues Shift-Tronic-Getriebe als Option, ein Sechsgang-SMG (sequenzielles manuelles Getriebe), das schnellere Gangwechsel als herkömmliche Schaltungen dieses Typs mit Kupplungspedal ermöglichte.

Die E36-Generation des 3er BMW wurde von 1992 bis 1999 produziert. Zwei Jahrzehnte später veröffentlichte das britische Magazin *CAR* einen Rückblick auf die M3-Version, in dem man beklagte, dass der E36 M3 im Gegensatz zum Vorgänger E30 keine Wurzeln im Motorsport habe, weshalb er größer, schwerer und luxuriöser ausgefallen sei.

„Aber nicht so schnell", hieß es weiter, „denn obwohl der E36 größer ist […] und nicht unmittelbar aus dem Motorsport hervorgeht, punktete er mit einem schlicht atemberaubenden Sechszylindermotor, einer größeren Bandbreite an nutzbarer Leistung und – da über 70 000 Exemplare produziert wurden – einem immer noch moderaten Preis. Man baute sogar eine Limousinenversion, falls Sie ein wirklich zweckmäßiges Auto kaufen möchten."

■ Mit der Einführung der E36-Version seiner 3er-Baureihe konnte BMW den M3 erstmals mit einem Reihensechszylinder und weiteren Verbesserungen anbieten.

1990 ➤ 1999

HONDA S2000

Honda nahm zwar etwas spät am Roadster-Revival teil, doch Perfektion braucht Zeit.

Im Jahr 1998 feierte die Honda Motor Company ihr 50-jähriges Jubiläum mit einer Party an der Rennstrecke Twin Ring Motegi rund 100 Kilometer nördlich von Tokio. Die 50 000 anwesenden Besucher sahen berühmte Honda-Rennmotorräder und -autos in Aktion auf der Strecke, einige davon drehten zur Freude des Publikums Donuts mit qualmenden Reifen.

Honda nutzte die Gelegenheit auch, um einer Gruppe amerikanischer Automobiljournalisten einen kurzen Vorgeschmack auf den S2000-Roadster zu geben, der offiziell im Frühjahr 1999 bei der New York Auto Show vorgestellt werden und später im selben Jahr auf den Markt kommen sollte.

Honda war zwar etwas spät dran mit seiner Version des aktualisierten britischen Roadsters, aber wie Soichiro Honda schon Jahrzehnte zuvor über seinen ersten Wagen, dem S500 Roadster, gesagt hatte: „Ich wollte kein Auto wie diejenigen aller anderen bauen."

Honda hatte bereits 1995 bei der Tokyo Motor Show ein Konzeptfahrzeug gezeigt, das SSM (Sport Study Model). Seitdem hatten firmeneigene Ingenieure das Ruder übernommen und ein Auto gebaut, das sie selbst gern gefahren hätten, besonders auf Bergstraßen und gelegentlich auf Rennstrecken.

Zur Verbesserung der Gewichtsverteilung wurde der neu entwickelte 2,0-Liter-Vierzylindermotor mit über 240 PS vorn in Mittelmotorposition eingebaut. Er arbeitete mit einem Sechsgang-Schaltgetriebe (Automatik wurde nicht angeboten) und einem Sperrdifferenzial zusammen. Das Fahrwerk verfügte über eine Doppelquerlenker-Aufhängung im Rennsportstil. Das Cockpit hatte zwei Sitze und ein vom McLaren-Honda-Formel-1-Rennwagen inspiriertes Armaturenbrett: Die Elektrik ließ sich mit einem Schlüssel einschalten, und mit einem roten Knopf startete man den Motor, der eine Drehzahlgrenze von 9000 U/min hatte.

Der Honda S2000 blieb bis 2009 in Produktion. Während dieser Zeit verbaute man Motoren, die rund

■ Der S2000 hob sich nicht nur wegen seines Designs ab, sondern auch durch das, was er im Rahmen des Roadster-Gesamtpakets bot.

zwei PS pro Kubikzoll Hubraum leisteten – der höchste Wert unter allen Serienfahrzeugen mit herkömmlichem Saugmotor.
„Sportwagenfans, das Auto eurer Träume ist endlich da", schrieb *Car and Driver* nach einer ersten Testfahrt. „Hondas S2000 kommt mit einem Ziel auf den Markt: Fahrspaß bereiten. [...] Er bietet alles, woraus Sportwagen-Träume gemacht sind: Frontmotor, Hinterradantrieb, Sechsgang-Schaltung mit kurzer Übersetzung, Doppelquerlenker-Aufhängung an allen vier Rädern, Scheibenbremsen, straffe, gut gepolsterte, feste Schalensitze – und das alles bei einem Gewicht von unter 1300 Kilogramm. Das Prunkstück des S2000 ist jedoch ein 2,0-Liter-Saugmotor mit vier Zylindern, der beeindruckende 243 PS bei 8300 U/min leistet und bis zu einer Drehzahlgrenze von 8900 U/min dreht." Das Lob ging noch weiter: „Das Fahrwerk ist fast perfekt abgestimmt, die Gewichtsverteilung nähert sich dem Ideal von 50:50 an. Die Bodenhaftung der Reifen ist jederzeit spürbar. Der Wagen vermittelt ein sehr genaues Gefühl dafür, was an der Kontaktfläche passiert."
Aber das war noch nicht alles: Trotz seiner kompakten Bauweise als Roadster „hat Honda als i-Tüpfelchen einige der typischen Schwächen von Sportwagen behoben: Selbst für groß gewachsene Fahrer gibt es reichlich Beinfreiheit".
Der Versicherer und Marktbeobachter Hagerty zog 2023 in einem Rückblick Bilanz über die verschiedenen Roadster, die nach dem Mazda MX-5 auf den Markt kamen: „Honda hat es verstanden, die Miata-Formel für Sportwagen-Purismus um ein Quäntchen hochtourigen Nervenkitzel zu erweitern. [...] 20 Jahre später führt der Honda S2000 immer noch das Feld an."

Er bietet alles, woraus Sportwagen-Träume gemacht sind, schwärmte ein Magazin im Test. Hondas S2000 führt das Feld an.

■ Unter der Karosserie des S2000 steckten ein hochdrehender Motor, ein manuelles Getriebe, eine Rennsport-ähnliche Aufhängung und sogar ein Startknopf – eine Kombination, die für herausragende Fahreigenschaften sorgte.

LOTUS ELISE

Lotus findet seine Seele, und andere Hersteller finden eine Plattform für ihre eigenen Autos.

1990 ➤ 1999

Der österreichische Geschäftsmann Emil Jellinek kaufte 1896 einen PKW von der Daimler-Motoren-Gesellschaft und bestellte anschließend mehrere weitere, die er an seine wohlhabenden Nachbarn in Nizza an der Côte d'Azur verkaufte. Mit steigendem Umsatz nahm auch sein Einfluss zu, sodass bald nicht nur ein neues Fahrzeug nach seiner elfjährigen Tochter Mercedes benannt wurde, sondern sogar das ganze wegbereitende deutsche Automobilunternehmen fortan den heute vertrauten Namen Mercedes-Benz annahm.

Doch Fräulein Jellinek war nicht die einzige Tochter, der eine solche Ehre zuteilwurde. Gut, streng genommen war Elisa Artioli die Enkeltochter von Romano Artioli, der 1987 und 1993 die Markenrechte an Bugatti beziehungsweise Lotus erwarb.

1996 brachte Lotus einen neuen Sportwagen auf den Markt: den Lotus Elise, benannt nach Artiolis Enkelin Elisa, die bei der Präsentation des Fahrzeugs zwei Jahre alt war.

Der Elise hatte ein steifes Chassis aus verklebtem stranggepresstem Aluminium, das nur knapp 70 kg wog. Selbst vollausgestattet – mit Karosserie, Motor,

Diese und vorherige Doppelseite ■ Das steife, aber leichte Chassis des Elise blieb der Philosophie hinter Colin Chapmans ursprünglichen Autos treu und diente als Grundlage für weitere Modelle von Lotus sowie Opel, Hennessey und Tesla.

Sitzen, Reifen usw. – brachte er keine 725 kg auf die Waage. Der Wagen war so leicht, dass der mittig eingebaute 1,8-Liter-Vierzylinder-Motor mit lediglich 119 PS ausreichte, um ihn aus dem Stand in weniger als sechs Sekunden auf 100 km/h zu beschleunigen.

„Der Elise fand schnell sein Publikum, und allgemein herrschte die Meinung vor, Lotus habe seine Seele wiedergefunden", steht in der *Beaulieu Encyclopedia of the Automobile,* ein Verweis auf den verstorbenen Lotus-Gründer Colin Chapman und seine Philosophie: Vereinfachen, dann Gewicht reduzieren.

Die Roadster-Karosserie des Elise stammte von Julian Thompson, und der Fahrersitz war etwas weiter vorn montiert als der Beifahrersitz, um die Gewichtsverteilung zu optimieren. Neue europäische Crashtest-Vorschriften führten 2001 zu einer überarbeiteten Version, die nicht nur Lotus selbst verwendete; sie war die Grundlage für den Opel Speedster, Hennessey Venom GT und Tesla Roadster sowie die Lotus-Modelle Exige, 2-Eleven und Europa S.

Anfangs stammte der Vierzylinder des Elise von dem britischen Hersteller Rover, später bezog Lotus die Motoren von Toyota. Dadurch stieg die Leistung auf bis zu 220 PS, was eine Beschleunigung von 0 auf 100 km/h in unter fünf Sekunden und eine Höchstgeschwindigkeit von 233 km/h ermöglichte.

„Als er 1995 auf der IAA in Frankfurt vorgestellt wurde, bedeutete der Elise gewissermaßen eine Rückkehr zu Lotus' puristischen Anfängen", berichtete das US-Magazin *Road & Track.* „Der kompakte Sportwagen hatte ein neu entwickeltes Chassis aus verklebtem stranggepresstem Aluminium mit Karosserieteilen aus Glasfaser, Leichtbaubremsen und einen ebenfalls leichten Motor. Er zeigte, dass man weder dicke Motoren noch hohe Preise braucht, um Aufsehen zu erregen. Und auch wenn sowohl der Audi TT als auch der Ferrari F50 bei derselben Messe einen Großteil der Aufmerksamkeit auf sich zogen, machte der Elise weltweit Schlagzeilen. Als Gesamtpaket war er ziemlich reizvoll – ein einfacher, fahrdynamisch ausgerichteter Sportwagen mit überschaubarer Leistung für die Moderne."

Das Magazin stellte fest, der Elise sei zwar nicht schnell, dafür aber sehr, sehr wendig, und habe eine Lenkung, „deren direkte Ansprache man kaum außerhalb eines Rennwagens findet. [...] Das Ding ist ganz offensichtlich gebaut worden, um beliebig oft hart rangenommen zu werden."

Der Elise wurde bis 2021 produziert, ehe der Lotus Emira ihn ablöste.

Der Elise war so leicht und wendig, dass bereits 119 PS ausreichten, um ein aufregendes Fahrerlebnis zu bieten.

PAGANI ZONDA C12

Die Verschmelzung von Kunst und Wissenschaft zu einem modernen Supersportwagen

1990 ➤ 1999

Horacio Pagani wurde in Argentinien als Sohn italienischer Eltern geboren; sein Vater war Bäcker, seine Mutter Künstlerin. Schon als Kind baute Horacio Modellautos aus Holz und las alles, was er über exotische europäische Fahrzeuge finden konnte.

Eines Tages stieß er in einem Artikel in der Zeitschrift *Reader's Digest* auf ein Zitat von Leonardo da Vinci, das ihn inspirierte: „Kunst und Wissenschaft sind zwei Disziplinen, die Hand in Hand gehen müssen." Schon mit 20 Jahren verband Pagani Kunst und Wissenschaft miteinander, indem er seinen eigenen kleinen Formel-Rennwagen baute. Bald war er mit dem großen argentinischen Rennchampion Juan Manuel Fangio befreundet.

1982, mit 27 Jahren und einem Empfehlungsschreiben von Fangio, zog Pagani nach Europa, wo er bei Lamborghini zunächst als Mechaniker eingestellt, aber schon bald zum Automobildesign-Ingenieur befördert wurde. 1985 übernahm er die Leitung der neuen Abteilung für Verbundwerkstoffe und wirkte an der Entwicklung der leichten Kohlefaserkarosserie für den Lamborghini Countach Evoluzione mit.

Pagani schlug vor, dass Lamborghini einen eigenen Autoklaven anschaffte, um Karbonteile selbst herstellen zu können. Da sich die Firma davor scheute, ging er zur Bank, nahm ein Darlehen auf und gründete Modena Design, wo er Verbundwerkstoffe für Hersteller wie Renault, Daihatsu, Dallara, Aprilia und sogar für Ferraris Formel-1-Team fertigte.

Gleichzeitig arbeitete er an seinem eigenen Supersportwagen, den er ursprünglich zu Ehren von Fangio benennen wollte. Nach Fangios Tod präsentierte Pagani das Fahrzeug jedoch als Zonda – der spanische Name des starken Windes, der an den Osthängen der argentinischen Anden weht.

Da Fangio in den 1950ern Rennerfolge für Mercedes-Benz erzielt hatte, legte er Pagani nahe, für sein Supersportwagenprojekt Motoren von dem deutschen Unternehmen zu beziehen. 1993 traf sich Pagani mit dem Chefingenieur von Mercedes und präsentierte ihm seinen Prototypen.

„Das sieht aus wie ein zeitloses Auto!“, bekam er gesagt.

„Gott sei Dank!“, erwiderte Pagani. „Denn ich habe kein Geld und werde viel Zeit brauchen, um es fertigzustellen.“

Einige Monate später erklärte sich Mercedes bereit, den Zonda C12 (C für Paganis Ehefrau Cristina, 12 für die Zahl der Zylinder des Motors) mit einem V12-Motor mit 462 PS auszustatten. Er wurde 1999 beim Genfer Autosalon vorgestellt.

Die Zeitschrift *Evo* schrieb, der Zonda fühle sich im Vergleich zum McLaren F1 oder Lamborghinis Diablo „wie ein überdimensionierter Lotus Elise an. Gefügig und perfekt ausgewogen mit präziser Lenkung und enormer Leistung widerlegte er den Mythos, Supersportwagen müssten aggressiv und/oder schwer zu fahren sein.“

Zum 20-jährigen Jubiläum des Zonda lobte *Petrolicious*: „Vielen kommt es vor, als wäre der Zonda erst gestern vorgestellt worden. Er behauptet sich nach wie vor unter den jüngsten Exoten, die mit dreimal so viel Leistung wie achtbare Sportwagen aufwarten, obwohl er bereits zwei Jahrzehnte alt ist. Um ihn einzuordnen: Anfang des 21. Jahrhunderts wurde über Wagen wie den Ferrari 360 Modena berichtet. Stellt man diesen neben einen Zonda, wird deutlich, wie radikal der erste Pagani war – und immer noch ist.“

Der Zonda entwickelte sich im Laufe von zwei Jahrzehnten weiter und bekam in Paganis Programm später den Huayra und den Utopia zur Seite gestellt.

Links unten und nächste Seite ■ Pagani hatte für seinen Supersportwagen konkrete Pläne, die aber nicht ohne den richtigen Motor umgesetzt werden konnten. Schließlich fand er ihn: einen V12 von Mercedes-Benz, was passte, weil die Form des Wagens von den Silberpfeilen der Gruppe-C-Rennwagen inspiriert war.
Rechts unten ■ Obwohl der C12 eher klein war, wurde sein Innenraum auf den Komfort der Insassen ausgelegt.

PAGANI
PAGANI
MERCEDES-BENZ
AMG
AMG

Selbst zwei Jahrzehnte nach seiner Einführung behauptet er sich unter den jüngsten Exoten.

■ Auf der Straße mag der C12 zwar einschüchtern, doch Testfahrer berichten, dass er „gefügig und perfekt ausgewogen" sei, statt seinen Fahrer zu überfordern.

➤ ÜBER DEN AUTOR

LARRY EDSALL ist ein Journalist, der sich seit fünf Jahrzehnten auf die Berichterstattung über die Automobilindustrie spezialisiert hat. Er war leitender Redakteur des Magazins *AutoWeek*, schrieb für die *New York Times* und *Detroit News* über Autos und war Chefredakteur der Webseiten iZoom.com und ClassicCars.com.

➤ BILDNACHWEIS

S. 10-11: National Motor Museum/Heritage Images/Getty Images
S. 14-15: Pierre Jean Durieu/Shutterstock.com
S. 16-17, 17, 18-19, 20-21,22-23,23: Tom Wood/Alamy Photo Stock
S. 24-25: JoshBryan/Shutterstock.com
S. 26-27, 28: Tom Wood/Alamy Photo Stock
S. 29: JoshBryan/Shutterstock.com
S. 30-31: Rainer Schlegelmilch/Getty Images
S. 32-33: DPPI Media/Alamy Photo Stock
S. 34-35: JoshBryan/Shutterstock.com
S. 36-37: Grzegorz Czapski/Alamy Photo Stock
S. 37: National Motor Museum/Heritage Images/Getty Images
S. 38-39: imageBROKER.com/Alamy Photo Stock
S. 40-41: Rod Kirkpatrick/Alamy Photo Stock
S. 42: mauritius images GmbH/Alamy Photo Stock
S. 43: Girardo Archive/Alamy Photo Stock
S. 44-45: National Motor Museum/Heritage Images/Getty Images
S. 46: Screen Archives/Getty Images
S. 47: National Motor Museum/Heritage Images/Getty Images
S. 48-49: Gestalt Imagery/Shutterstock.com
S. 50-51: arda savasciogullari/Shutterstock.com
S. 51: Fin Costello/Redferns/Getty Images
S. 52-53, 54-55, 55: National Motor Museum/Heritage Images/Getty Images
S. 54-55: National Motor Museum/Heritage Images/Getty Images
S. 56-57: Kim Sayer/Alamy Photo Stock
S. 58: Scott Sim/Alamy Photo Stock
S. 59, 60-61: Kim Sayer/Alamy Photo Stock
S. 62-63: JoshBryan/Shutterstock.com
S. 64: Photo 12/Alamy Photo Stock
S. 64-65: FernandoV/Shutterstock.com
S. 66-67: Frederic J. Brown/Afp/Getty Images
S. 68-69: National Motor Museum/Heritage Images/Getty Images
S. 69: Heritage Image Partnership Ltd/Alamy Photo Stock
S. 70-71, 72-73,73: National Motor Museum/Heritage Images/Getty Images
S. 74-75, 76: Rainer Schlegelmilch/Getty Images
S. 77: Roland Holschneider/picture alliance/Getty Images
S. 78, 78-79: Rainer Schlegelmilch/Getty Images
S. 80-81: Tom Wrzesień/Alamy Photo Stock
S. 82, 83: National Motor Museum/Heritage Images/Getty Images
S. 84-85: Girardo Archive/Alamy Photo Stock
S. 86-87, 88-89: National Motor Museum/Heritage Images/Getty Images
S. 90-91: imageBROKER.com/Alamy Photo Stock
S. 95: Motoring Picture Library/Alamy Photo Stock
S. 96-97: JoshBryan/Shutterstock.com
S. 98-99: Girardo Archive/Alamy Photo Stock
S. 100: FlixPix/Alamy Photo Stock
S. 101: myphotobank.com.au/Shutterstock.com
S. 102-103: Barrett-Jackson/Getty Images
S. 104-105: National Motor Museum/Heritage Images/Getty Images
S. 106-107: Brian Welker/Alamy Photo Stock
S. 108-109: Scott Dennis/Alamy Photo Stock
S. 110-111: DPPI Media/Alamy Photo Stock
S. 112: Retro AdArchives / Alamy Photo Stock
S. 112-113, 113: National Motor Museum/Heritage Images/Getty Images
S. 114-115, 116-117, 117, 118-119: Faisal Khatib/Alamy Photo Stock
S. 120-121: Hugh Mitton/Alamy Photo Stock
S. 122-123: Jacek Piotrowski/Shutterstock.com
S. 123 oben: Jacek Piotrowski/Shutterstock.com
S. 123 unten: Wirestock, Inc./Alamy Photo Stock
S. 124-125: National Motor Museum/Heritage Images/Getty Images
S. 126-127: Je_Cekrek/Shutterstock.com
S. 128, 129: Rainer Schlegelmilch/Getty Images
S. 130-131, 132-133: National Motor Museum/Heritage Images/Getty Images
S. 134-135, 136-137, 137 oben, 138, 139: Rainer Schlegelmilch/Getty Images
S. 137 unten: Maggi & Maggi/Getty Images
S. 140-141: Barrett-Jackson/Getty Images
S. 142-143: Richard McDowell/Alamy Photo Stock
S. 144-145: Jurgis Mankauskas/Alamy Photo Stock
S. 146-147: Alvey & Towers Picture Library/Alamy Photo Stock
S. 148: LAT Images/Getty Images
S. 148-149: Joshua Claro/Alamy Photo Stock
S. 152, 153, 154-155: JoshBryan/Shutterstock.com
S. 156-157, 158, 159: Goddard Archive/Alamy Photo Stock
S. 160-161: JoshBryan/Shutterstock.com
S. 162-163: National Motor Museum/Heritage Images/Getty Images
S. 163: Motoring Picture Library/Alamy Photo Stock
S. 164-165: Jonathan Tennant/Alamy Photo Stock
S. 166-167: National Motor Museum/Heritage Images/Getty Images
S. 168 links: National Motor Museum/Heritage Images/Getty Images
S. 168 rechts: Phil Talbot/Alamy Photo Stock
S. 169: Matthew Richardson/Alamy Photo Stock
S. 170: Barrett-Jackson/Getty Images
S. 171: Goddard Archive 2/Alamy Photo Stock
S. 172-173, 173: Barrett-Jackson/Getty Images
S. 174-175, 176, 176-177: Jos Bispo/500px/Getty Images
S. 178-179,180-181: culture-images GmbH/Alamy Photo Stock

S. 182-183, 184, 185: JoshBryan/Shutterstock.com
S. 186-187, 188-189, 189: National Motor Museum/Heritage Images/Getty Images
S. 190-191: CJM Photography/Alamy Photo Stock
S. 192-193, 194-195, 195: Rainer Schlegelmilch/Getty Images
S. 196, 196-197: Heritage Image Partnership Ltd/Alamy Photo Stock
S. 198-199: areyouben/Shutterstock.com
S. 200-201, 202: Rainer Schlegelmilch/Getty Images
S. 202-203: National Motor Museum/Heritage Images/Getty Images
S. 204-205: Rainer Schlegelmilch/Getty Images
S. 205: FernandoV/Shutterstock.com
S. 206-207: BMW AG/Getty Images
S. 208: National Motor Museum/Heritage Images/Getty Images
S. 208-209: Keith Hamshere/Getty Images
S. 210-211, 212-213, 214-215: National Motor Museum/Heritage Images/Getty Images
S. 216-217, 218-219, 219, 220-221, 222-223: JoshBryan/Shutterstock.com
S. 224-225, 226-227, 227: Drive Images/Alamy Photo Stock
S. 228-229, 230-231: National Motor Museum/Heritage Images/Getty Images
S. 232-233, 234, 235, 236-237, 237: Drive Images/Alamy Photo Stock

Umschlag: Simon Newbury/Alamy Photo Stock

BIBLIOGRAPHIEN

BÜCHER

Covello, Mike (Hrsg.). *Standard Catalog of Imported Cars: 1946–1992.* Iola, Wisconsin: Krause Publications, 2002.
Edsall, Larry. *Legenden der Automobilgeschichte. Von den Anfängen bis ins 21. Jahrhundert.* Wiesbaden: White Star, 2006.
Edsall, Larry. *Masters of Car Design.* Vercelli: White Star, 2008.
Edsall, Larry. *Miata 20 Years.* Minneapolis, Minnesota: MBI Publishing Company, 2008.
Edsall, Larry. *Corvette Stingray: The Seventh Generation of America's Sports Car.* Minneapolis, Minnesota: MBI Publishing Company, 2013.
Edsall, Larry. *Camaro 2016: Chevrolet's Modern Performance Car.* Minneapolis, Minnesota: Quarto Publishing Group, 2016.
Edsall, Larry und Dennis Adler. *Ferrari.* Minneapolis, Minnesota: MBI Publishing Company, 2011.
Flammang, James M. und Ron Kowalke. *Standard Catalog of American Cars, 1976–1999*. Iola, Wisconsin: Krause Publications, 1999.
Flink, James J. *The Automobile Age.* Boston, Massachusetts: The MIT Press, 1993.
Georgano, Nick (Hrsg.). *The Beaulieu Encyclopedia of the Automobile.* Chicago, Illinois: Fitzroy Dearborn Publishers, 2000.
Kowalke, Ron (Hrsg.). *Standard Catalog of American Cars, 1946–1975.* Iola, Wisconsin: Krause Publications, 1997.
Moity, Christian, Jean-Marc Teissedre und Alain Bienvenu. *24 Heures du Mans: 1923–1992.* Besançon Le Mans: Editions D'Art J. P. Barthelemy, Automobile Club de L'Ouest, 1992.
Sparke, Penny. *A Century of Car Design.* Hauppauge, New York: Barron's Educational Services, 2002.
Webster, Larry, Zach Bowman, Jack Baruth und Brett Berk. *Never Stop Driving: A Better Life Behind the Wheel.* Traverse City, Michigan: Hagerty Media Properties, 2019.

ZEITSCHRIFT

AutoWeek, Crain Communications, Detroit, Michigan

WEBSEITEN

autoweek.com
britannica.com
caranddriver.com
carmagazine.co
classicandsportscar.com
driving.ca
dupontregistry.com
evo.co
forbes.com
goodroad.com
hagerty.com
imdb.com
journal.classiccars.com
mercedes-benz.com
motortrend.com
nytimes.com
octane-magazine.com
pagani.com
petrolicious.com
porsche.com
roadandtrack.com
theautopian.com
thedrive.com
topgear.com
volkswagen-newswroom.com
wikipedia.org

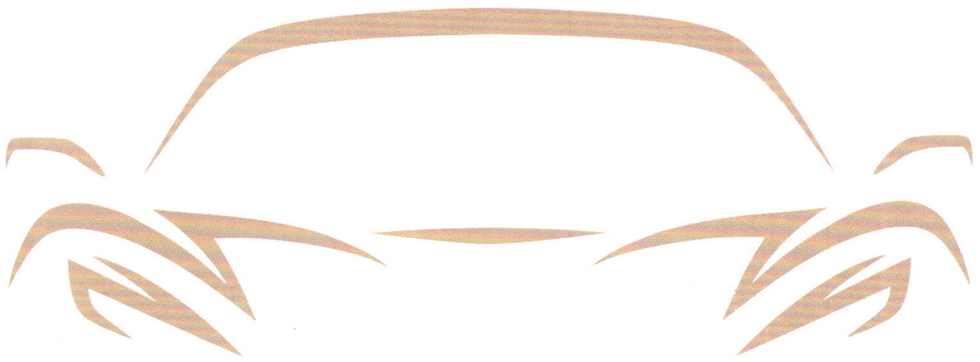